WELT DER ZAHL 1

Herausgegeben von
Prof. Dr. Hans-Dieter Rinkens
Kurt Hönisch
Gerhild Träger

Erarbeitet von
Nadine Binder, Kurt Hönisch,
Claudia Neuburg, Prof. Dr. Hans-Dieter Rinkens,
Thomas Rottmann, Michaela Schmitz, Gerhild Träger

Schroedel

Inhaltsverzeichnis

Inhaltsbezogene Kompetenzen

- Umgang mit Zahlen und Operationen
- Umgang mit Raum und Form
- Messen und Umgang mit Größen
- Umgang mit Daten, Häufigkeiten, Wahrscheinlichkeiten

Zahlen überall

Anzahlen feststellen: Punkte zeichnen oder Strichliste anlegen oder Zahlen schreiben.

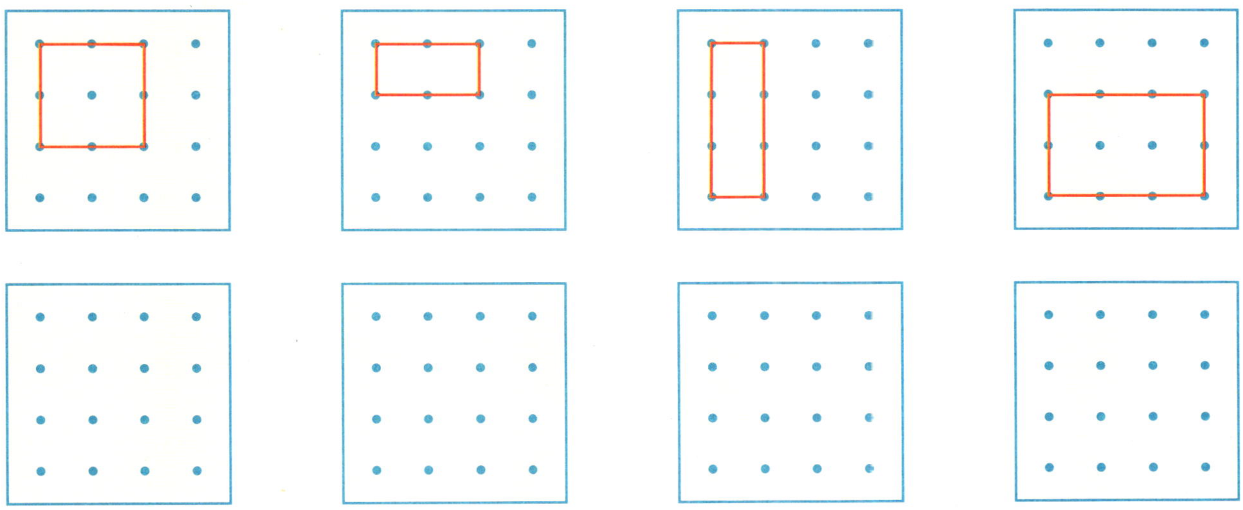

Zu Zahlenbildern Strichliste anlegen. Formen nachzeichnen.

1  

2 

3 

4 

5 

Zahl und Zahlenbild verbinden. Passende Anzahl von Blumen malen.

6

7

8

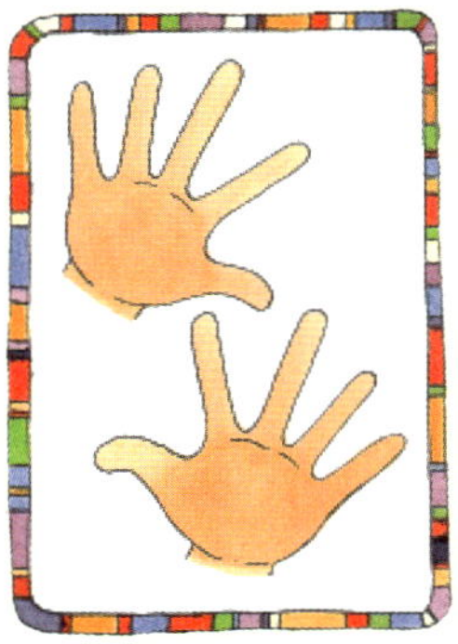

9

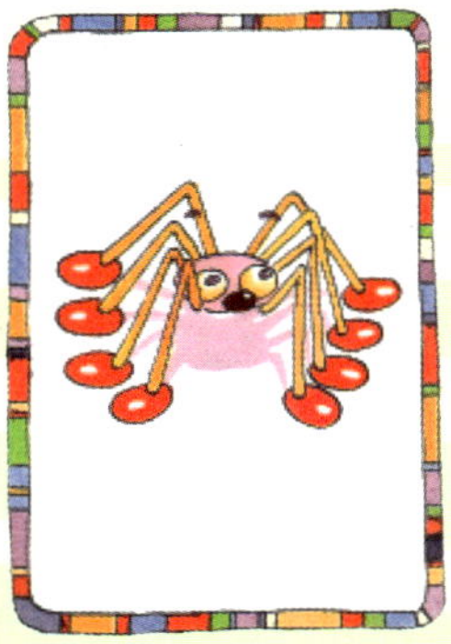

10

Zahlen hören

1

2

3

4

5

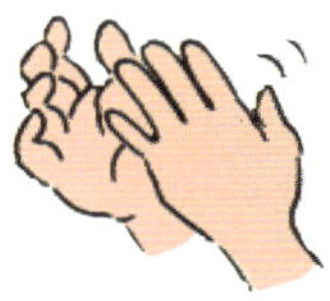

6

7

1 bis 7 Töne zählen, Punkte oder Striche zeichnen oder Zahlen schreiben.
Rechentagebuch anlegen: „Mein Zahlenheft“ (Kopiervorlage).

1

2

2 1 4 3

3

2

3

4

6

4 Was gehört nicht dazu?

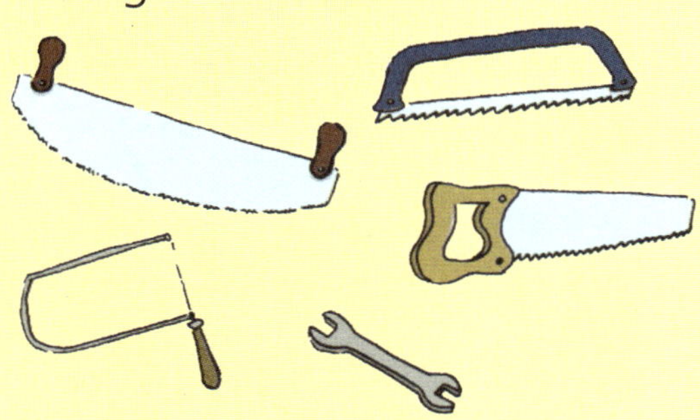

5

2, 3 Punkte, Knoten mit den passenden Zahlen verbinden.
4, 5 Wahrnehmungsübung

1

2

3 Welcher Schatten passt?

2 Zahlenplakat zur 2 anlegen. Malen oder Bilder aufkleben.
Beginn des Ziffernschreibkurses.

1

2

3

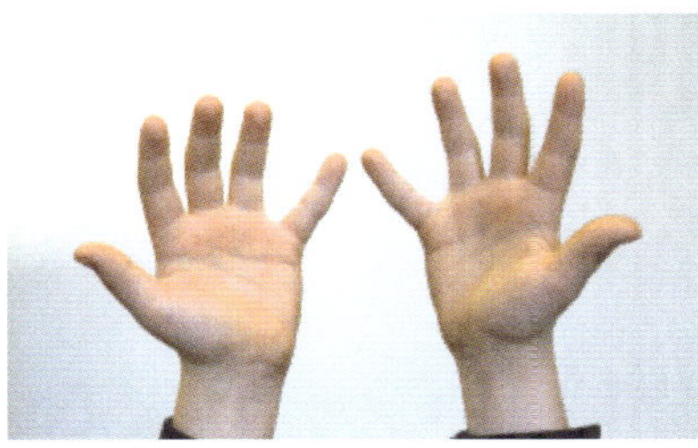

4

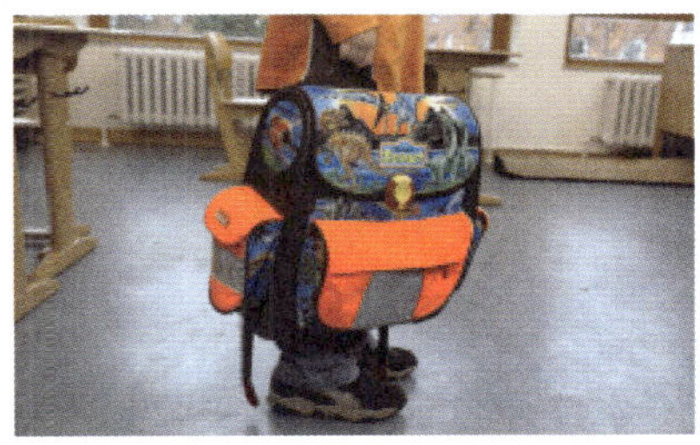

5

4

IIII

vier

1

2

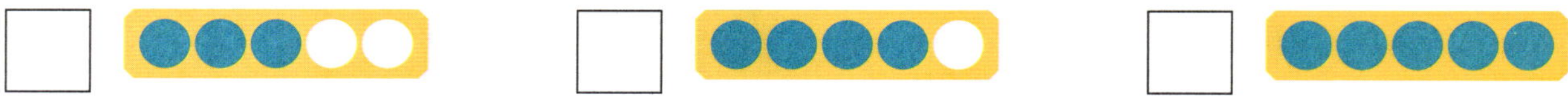

3 Linke (l) oder rechte (r) Buchseite?

___ ___ ___ ___

5

fünf

1, 2 Zahlen eintragen. 3 Wahrnehmungsübung

1

2

3

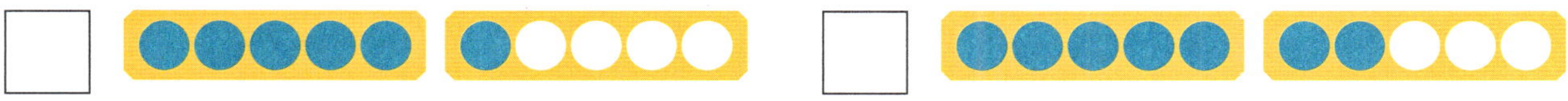

4 Linke oder rechte Buchseite?

1 Plättchen malen. 2, 3 Zahlen eintragen. 4 Wahrnehmungsübung

Immer 8

8

acht

Muster aus blauen und roten Plättchen malen.

1

2							

Immer 9

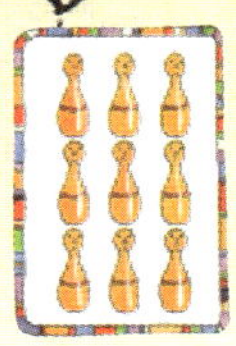

9

neun

1 Kinder mit den kurzen Hosen und den Shirts zählen.

1 Sarahs Zahlen — Meine Zahlen

2

5 ____ ____ ____ ____ ____ 0

3

____ ____ ____ ____ ____ ____ null

1 Rechts malen und Zahlen eintragen. 2, 3 Rückwärts bis zur Null.

Zahlenreihe

1

2

3

4

5

6

Die Zehn mit allen Sinnen

7

10

zehn

1 bis 6 Die fehlenden Zahlen der Zahlenreihe eintragen.

Zerlegen

1

2  5 4 + ___

 7 ___

3  ☐ ___

 ☐ ___

4  ☐ ___

 ☐ ___

5  ☐ ___

 ☐ ___

6 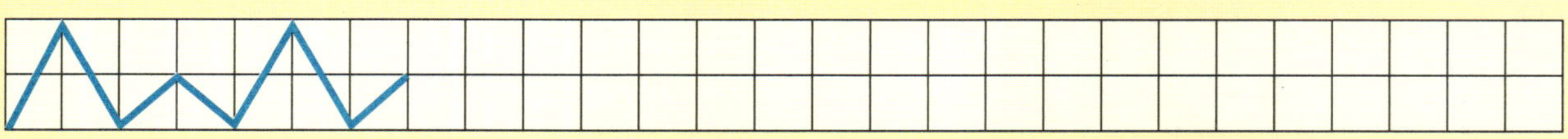

7 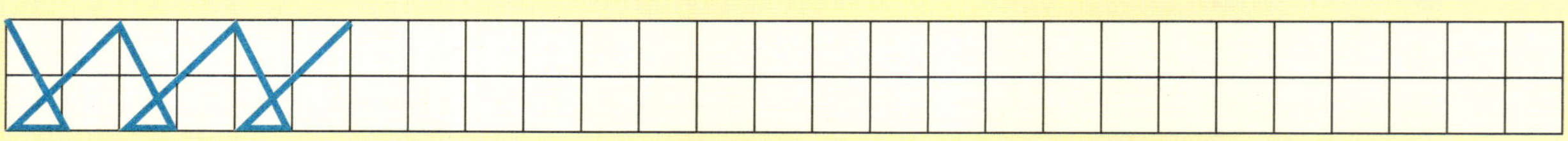

1 bis 5 Nachspielen: Erst Gesamtzahl, dann Zerlegung sagen und eintragen. 6 7 Muster fortsetzen.

1

5

3 +

4 +

2

3

4

5

4

\+ +

6

5

7 Male nach.

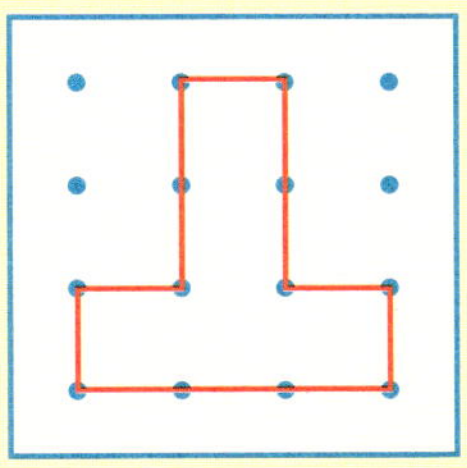

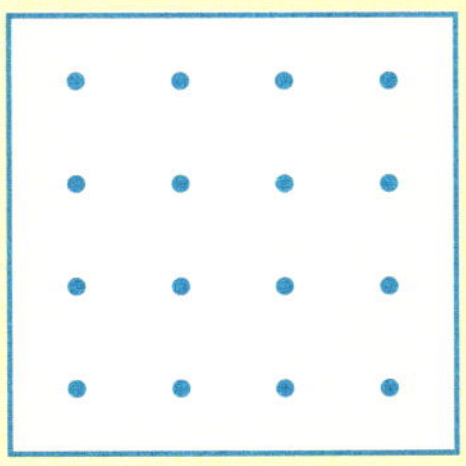

8 Male nach.

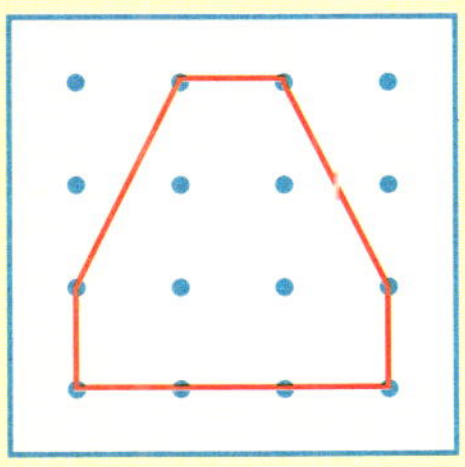

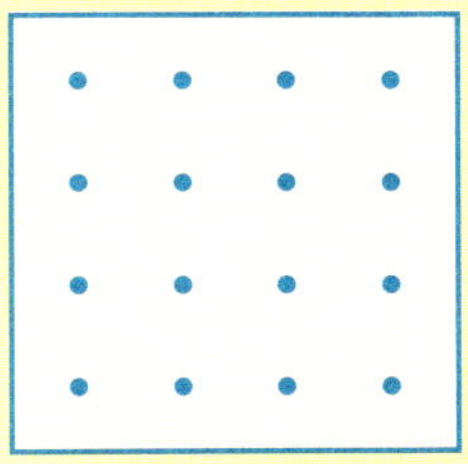

1 bis 5 Gesamtzahl und Zerlegungen eintragen. Es sind verschiedene Zerlegungen möglich. 6 Eigene Aufgaben.
7 , 8 Muster nachmalen.

Die Kraft der Fünf

1 5 + 1 卌 |

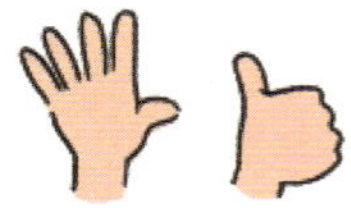

2 +

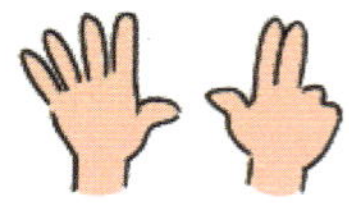

3 +

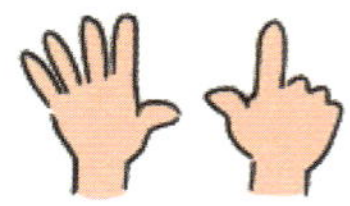

4 ●●●●● ●○○○○ 6 +

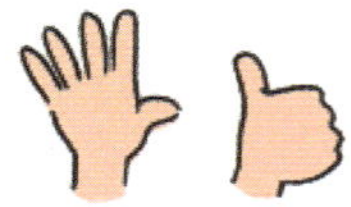

5 ●●●●● ●●●●○ +

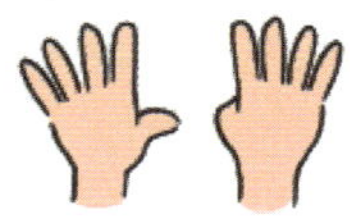

6 ○○○○○ ○○○○○ +

7 ○○○○○ ○○○○○ +

W W

8

7	5	2	9	6	3	0
卌 ||	||	卌 |	卌	卌 ||||		|||

1 bis 5 Gesamtzahl, Zerlegung und Strichliste eintragen 6, 7 Eigene Aufgaben
8 Zahl und Strichliste verbinden.

1

4

\+ +

6

\+ +

2

\+ +

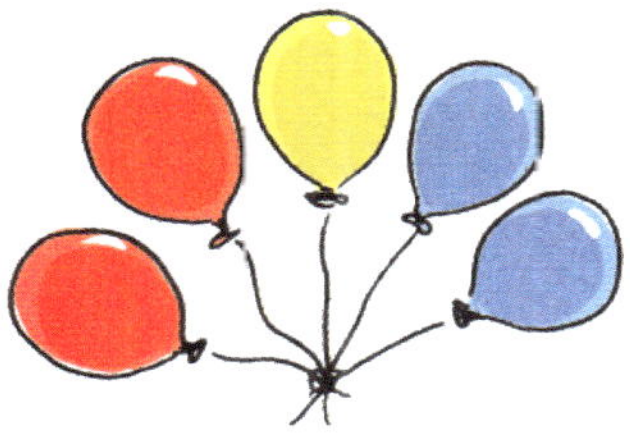

\+ +

3

\+ +

\+ +

4

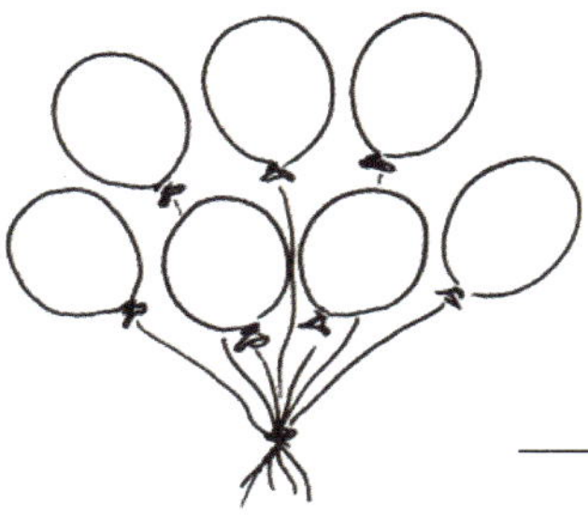

\+ +

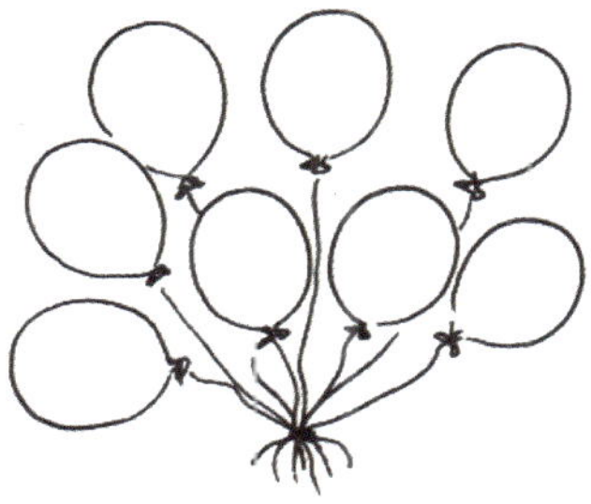

\+ +

5

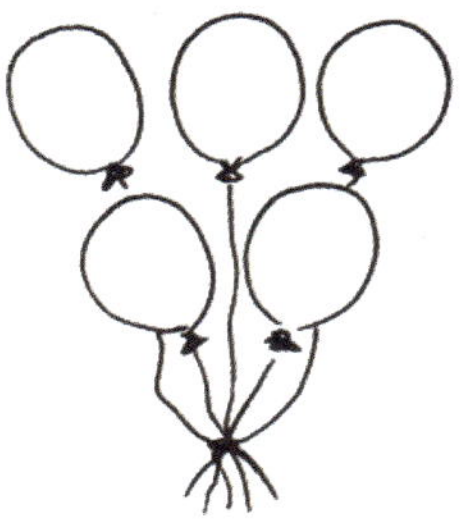

\+ +

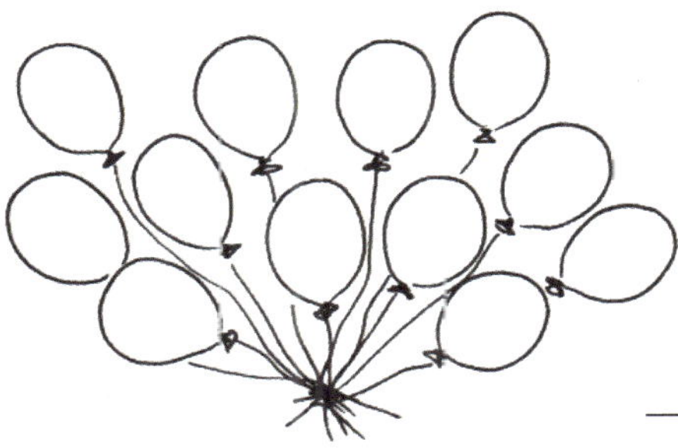

\+ +

6 Wo ist der Fehler?

7

1 bis 3 Gesamtzahl in drei Zahlen zerlegen. 4, 5 Eigene Aufgaben. 6, 7 Wahrnehmungsübung

Zerlegungs-Geschichten: Rund um die Schule

6

3 +

Muster malen

7

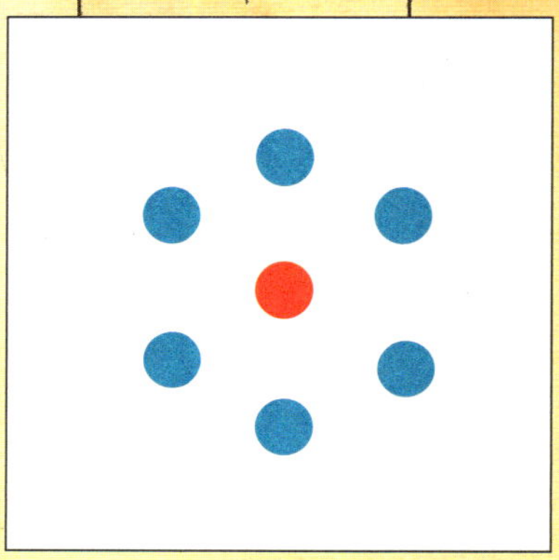

Erzählen: Wie viele Autos (Enten, ...) sind es? Wie viele blaue, wie viele rote? Gesamtzahl und Zerlegung aufschreiben. Es sind verschiedene Zerlegungen möglich. Unten: Muster aus blauen und roten Plättchen malen. Gesamtzahl und Zerlegung aufschreiben.

6

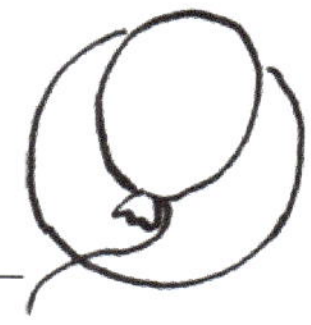

Eigene Aufgaben: Gegenstand ausuchen und in den Kreis malen, Gesamtzahl und Zerlegung aufschreiben.
Unten: Muster aus blauen und roten Plättchen malen, Gesamtzahl und Zerlegung aufschreiben.

Schüttelbox

1

7

5 + 2

3 +

2 6

3 3

4 4

5 5

6 6

7 7

8 8

9 9

10 10

1 8

●●● ●● | ●●●

5 + 3

___

2 8

___

___

3 7

___

___

___

4 5

___

___

___

5 6

___

___

___

6 9

___

___

___

7

5
3 + 2
1 + 4
+
+
+

7	9	8
0 + 7	+	+
+	+	+
+	+	+
+	+	+
+	+	+

1 bis 6 Eigene Aufgaben: Punkte malen und Zerlegung aufschreiben. 7 Selbst Zerlegungen finden.

Zehn

1

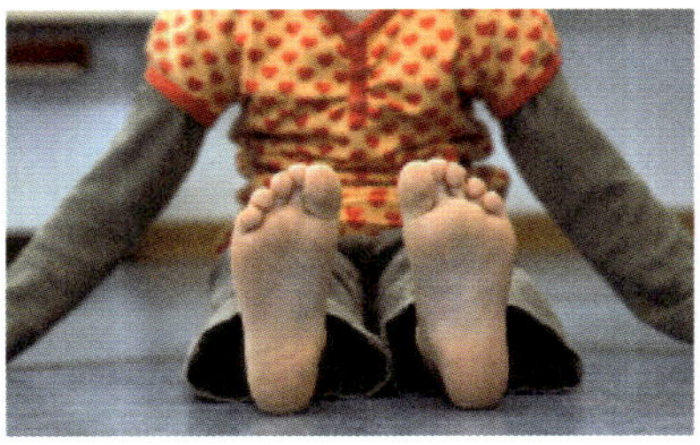
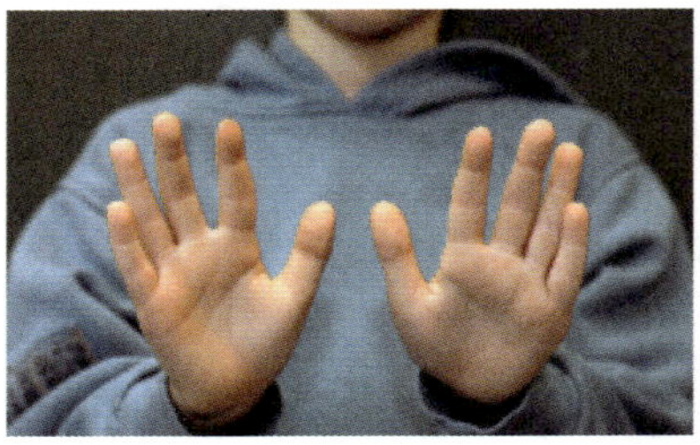

2

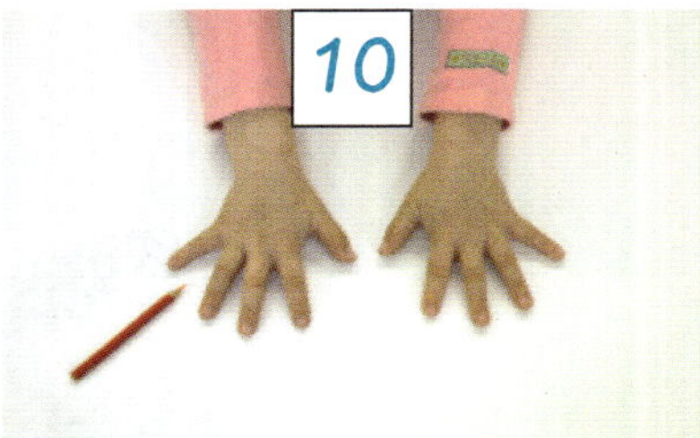

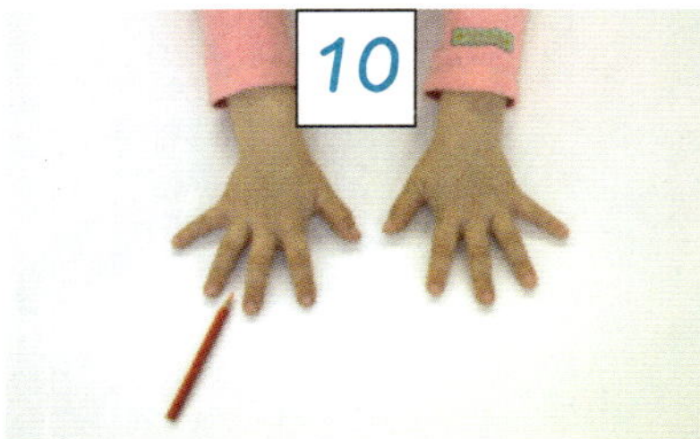

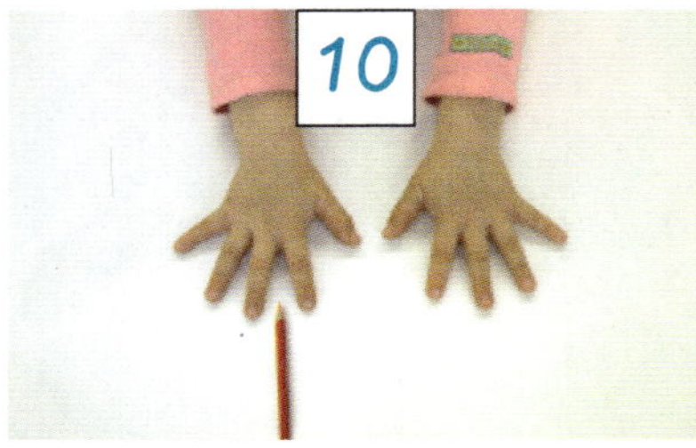

1 + 9 ______ ______

3

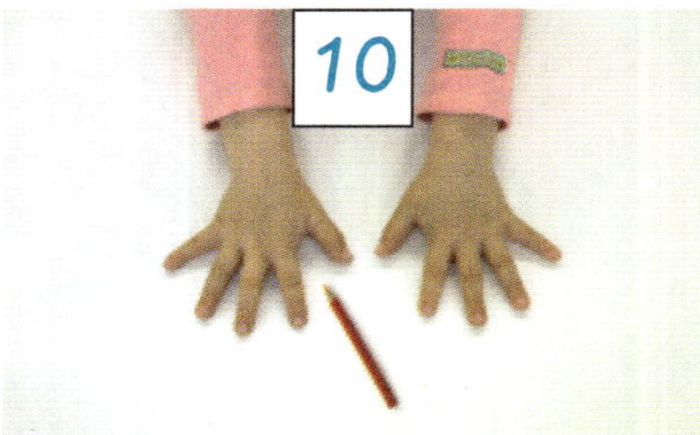

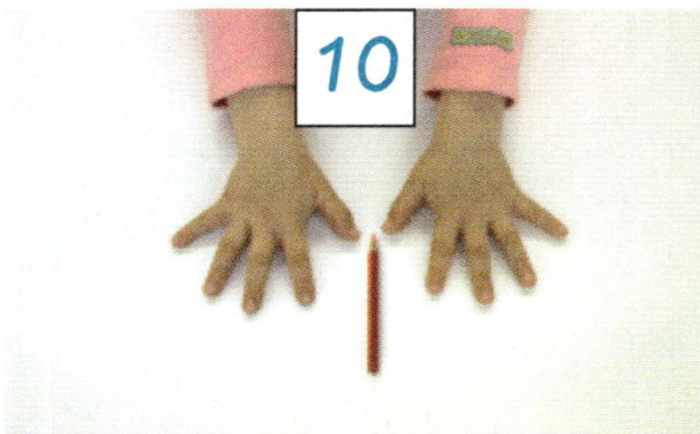

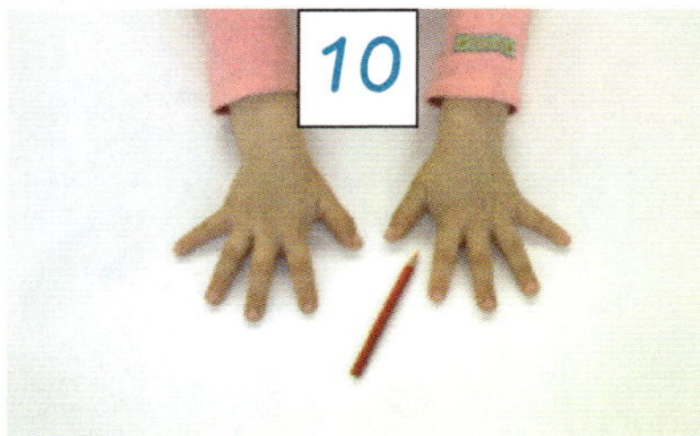

______ ______ ______

4

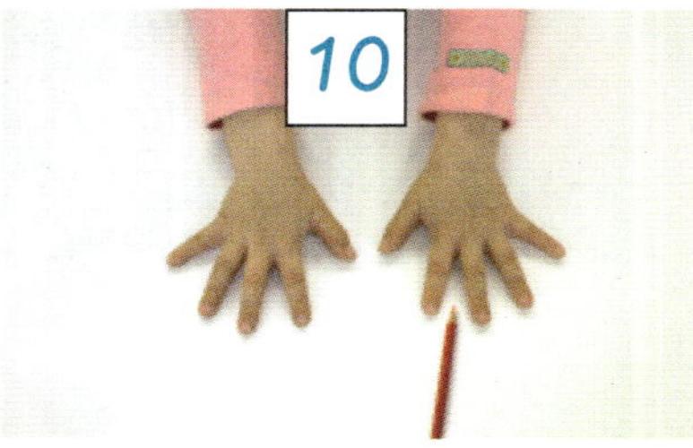

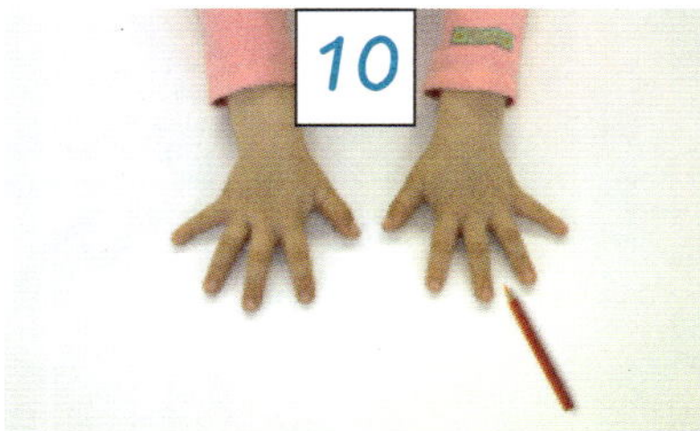

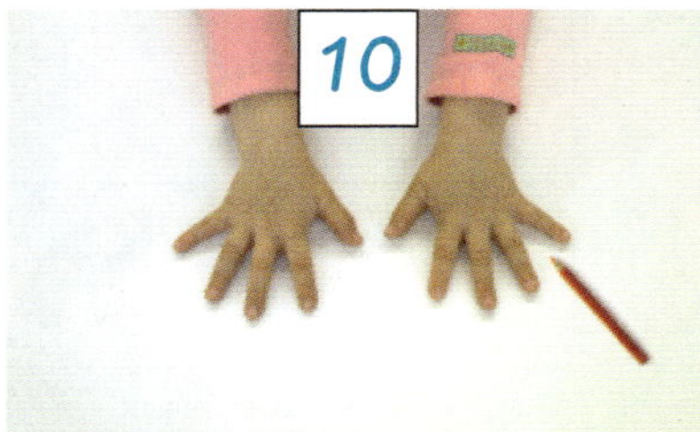

______ ______ ______

Alles zur 10

5

6

2 bis 4 Zerlegung aufschreiben (Partnerzahlen). 5 Partnerzahlenlied (CD) 6 Fühlkarten, Seile, …

1

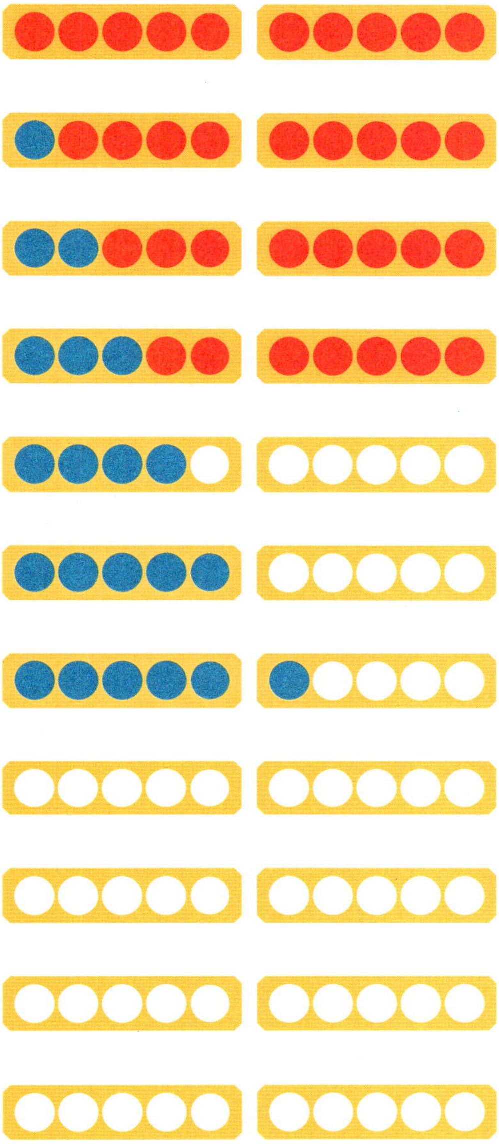

10
0 + 10
1 + 9
2 + 8
3 + 7
4 + 6
5 + 5
6 + 4
7 + 3
8 + 2
9 + 1
10 + 0

2

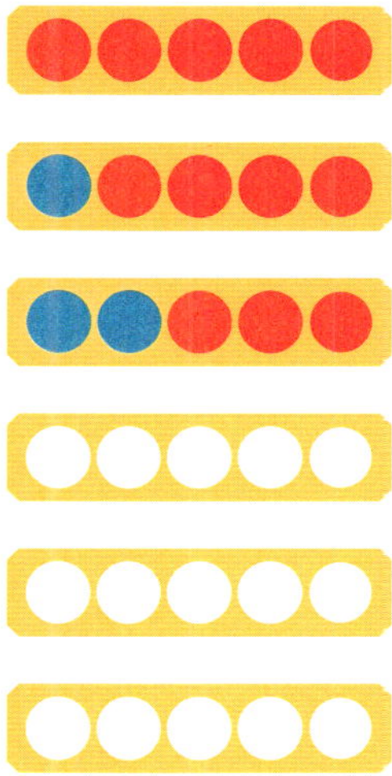

5
0 + 5
1 +

3

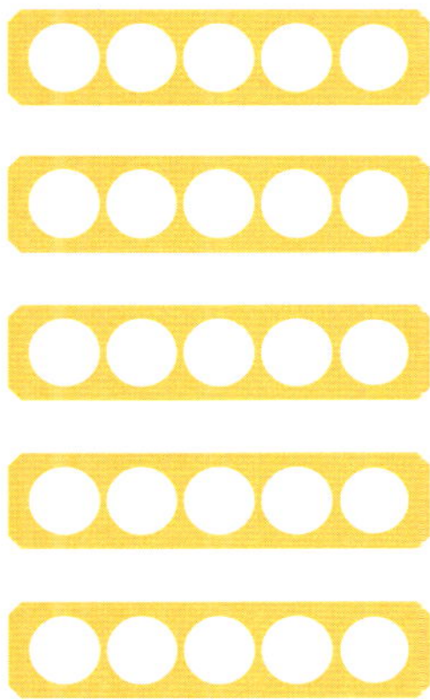

4

Alles zur 10

4

5

4 Schüttelbox zur 10 5 Zwei benachbarte Zahlen zur 10 (Kopiervorlage 56)

1

2

3

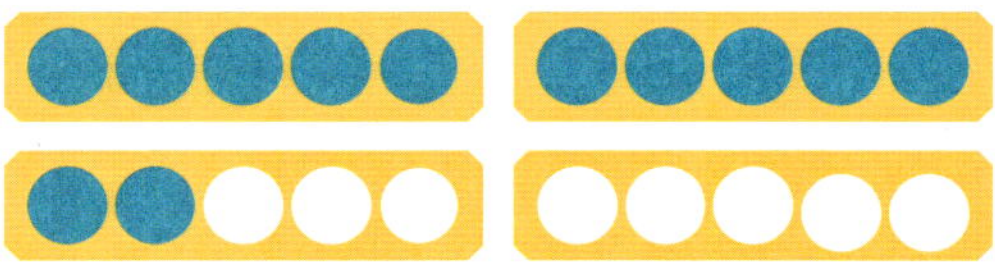

12

10 + 2

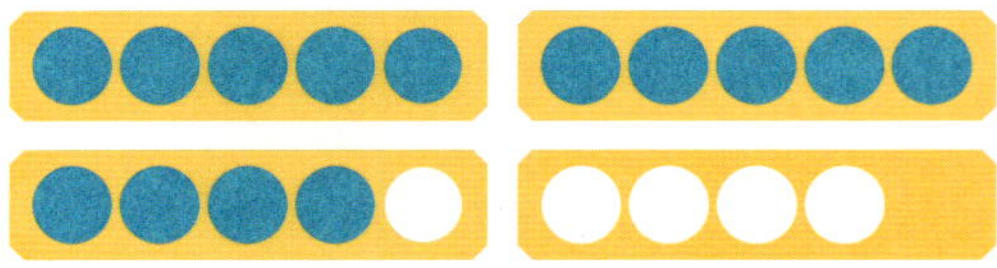

4

13

11

5

15 | 14

5 +

2 Fehlende Zahlen eintragen 3 Zahlen und Zerlegung eintragen. 4 Plättchen malen. Zerlegung eintragen.
5 Zahlen und Zerlegung eintragen. Es sind verschiedene Zerlegungen möglich.

1

2

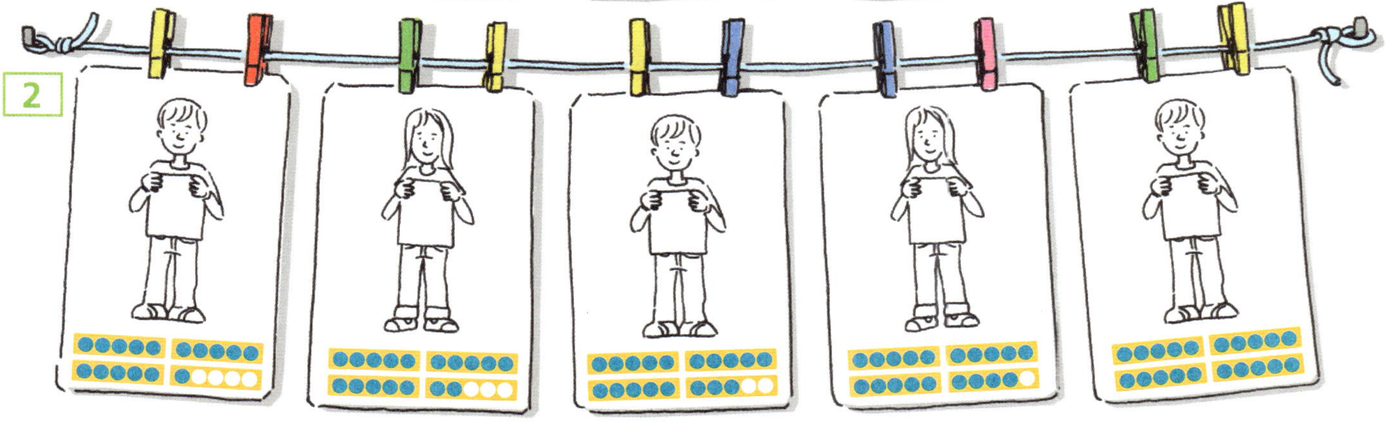

3

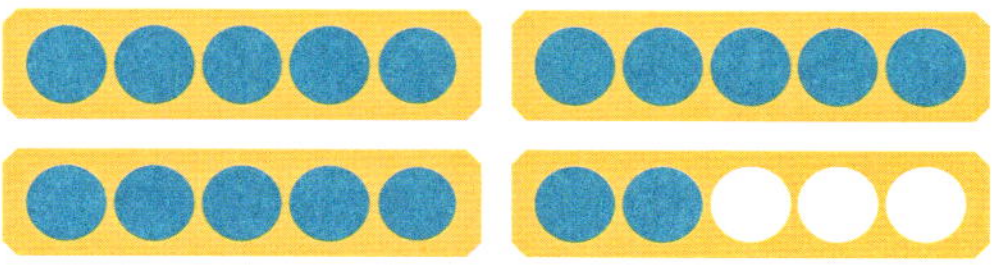

4

16

18

5

16 | 18

8 +

2 Fehlende Zahlen eintragen. 3 Zahlen und Zerlegung eintragen. 4 Plättchen malen. Zerlegung eintragen.
5 Zahlen und Zerlegung eintragen. Es sind verschiedene Zerlegungen möglich.

Zahlentreppe

1
- ☐
- ☐
- 3
- 2

2
- ☐
- ☐
- 5
- 4

3
- ☐
- ☐
- ☐
- 8

4
- ☐
- ☐
- ☐
- 10

5
- 10
- 9
- ☐
- ☐

6
- 12
- 11
- ☐
- ☐

7
- 14
- ☐
- ☐
- ☐

8
- 17
- ☐
- ☐
- ☐

9
- ☐
- ☐
- 15
- ☐

10
- ☐
- ☐
- 18
- ☐

11
- ☐
- 9
- ☐
- ☐

12
- ☐
- 11
- ☐
- ☐

Eine Anzahl von Tönen schlagen, danach treppauf, treppab gehen. 1 bis 12 Fehlende Zahlen eintragen.

1 2 – 3 – ☐ – ☐ – ☐ | 9 – 10 – ☐ – ☐ – ☐

2 7 – 8 – ☐ – ☐ – ☐ | 16 – 17 – ☐ – ☐ – ☐

3 ☐ – 5 – 6 – ☐ – ☐ | ☐ – 12 – 13 – ☐ – ☐

4

Vorgänger Zahl Nachfolger | Vorgänger Zahl Nachfolger | Vorgänger Zahl Nachfolger

5

V	Zahl	N		V	Zahl	N		V	Zahl	N
☐	10	☐		☐	8	☐		☐	12	☐

6

V	Zahl	N		V	Zahl	N		V	Zahl	N
☐	6	☐		☐	17	☐		☐	20	☐

7

V	Zahl	N
	2	
	6	
	9	

8

V	Zahl	N
	10	
	14	
	13	

9

V	Zahl	N
	19	
	9	
	15	

10

V	Zahl	N
	7	
	17	
	20	

11

V	Zahl	N
	16	
4		
11		

12

V	Zahl	N
		10
		20
		13

13

V	Zahl	N
	8	
8		
		8

14

V	Zahl	N

1 bis 13 Fehlende Zahlen eintragen. 14 Eigene Aufgaben: Erst Zahl, dann Vorgänger und Nachfolger aufschreiben.

Kleiner, größer oder gleich

4 < 6	5 = 5	6 > 4
4 ist kleiner als 6	5 ist gleich 5	6 ist größer als 4

1

6 > 5 ______ ______ ______ ______

2

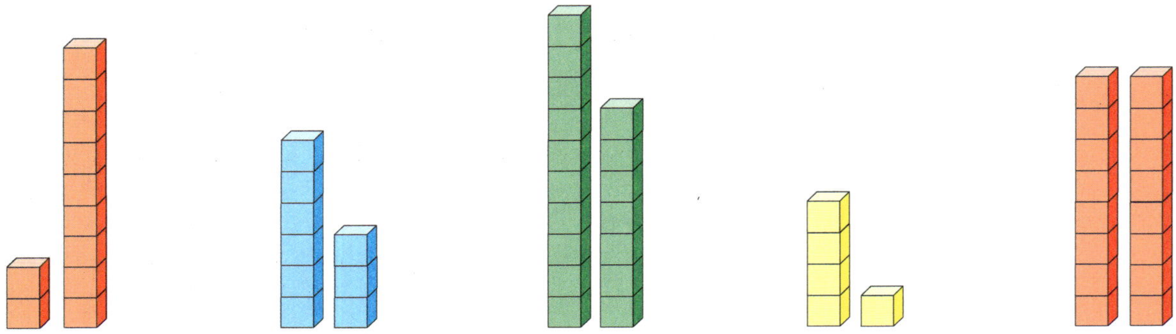

______ ______ ______ ______ ______

3

______ ______ ______ ______

4

______ ______ ______

1 bis **4** Anzahlen vergleichen. Zahlen und Zeichen schreiben.

1

4 > 3 ____ 2 < ____ ____

2

____ ____ ____

3

____ ____ ____

4

4 > ____ ____ ____

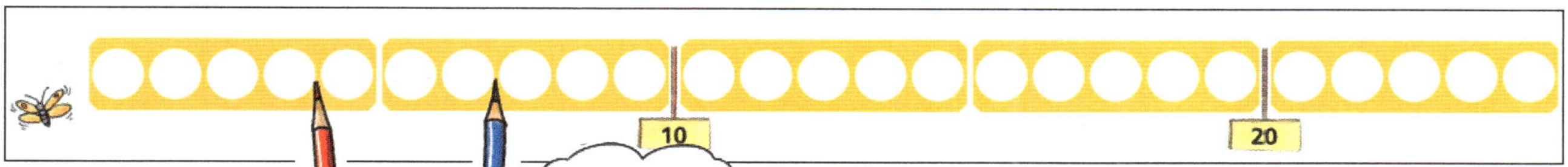

5		6		7		8	
4	7	10	8	12	9	16	18
2	5	7	7	12	19	6	8
5	8	7	5	9	19	16	8
7	6	9	1	15	15	13	17
2	1	11	8	10	15	17	20

9

< : 2 (crossed out), 4 (crossed out), 13, 5, 6, 9, 8, 7

< : 5, 7, 8, 9, 12, 16, 10, 11

10

> : 18, 7, 9, 5, 12, 8, 10, 11

> : 17, 9, 11, 5, 10, 7, 14, 20

2 < 4	___ < ___		___ > ___	___ > ___	
___ < ___	___ < ___		___ > ___	___ > ___	
___ < ___	___ < ___		___ > ___	___ > ___	
___ < ___	___ < ___		___ > ___	___ > ___	

1 bis 4 Anzahlen vergleichen, Zahlen und Zeichen schreiben. 5 bis 8 Zahlen an den Rechenschiffen zeigen. Zeichen einsetzen. 9 , 10 Zwei Zahlen wählen (durchstreichen) und passend eintragen.

Ordnungszahlen

fünfter sein

tür auf
einer raus
einer rein
vierter sein

tür auf
einer raus
einer rein
dritter sein

tür auf
einer raus
einer rein
zweiter sein

tür auf
einer raus
einer rein
nächster sein

tür auf
einer raus
selber rein
tagherrdoktor

1

2

1.

3

4

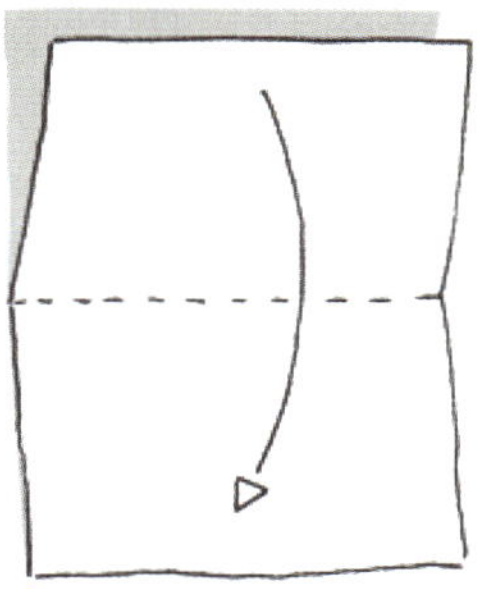
1.
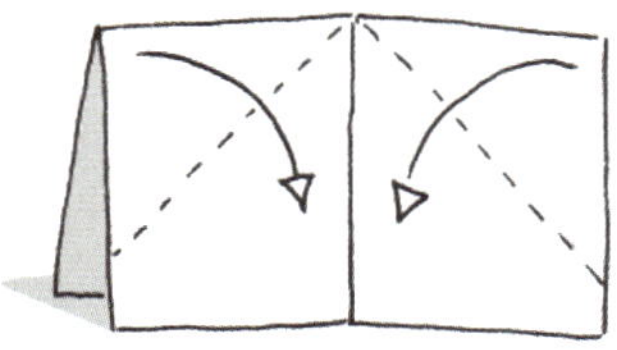
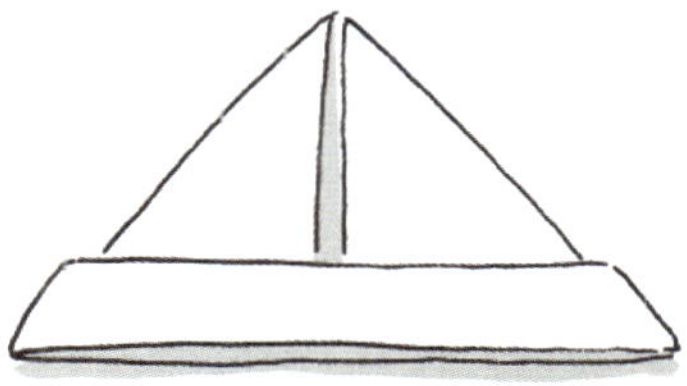
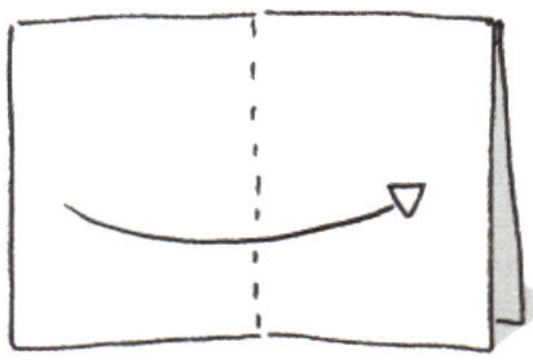
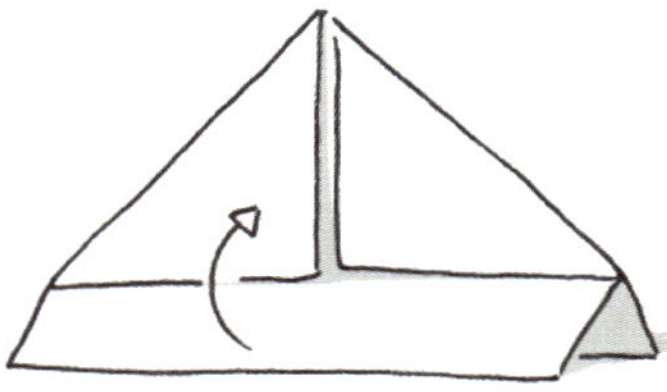
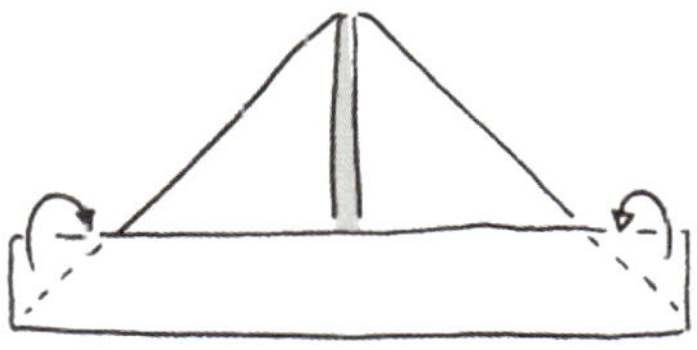

5

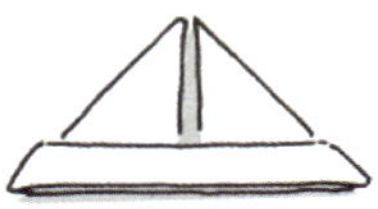
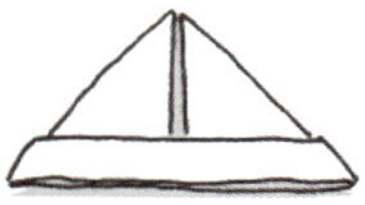
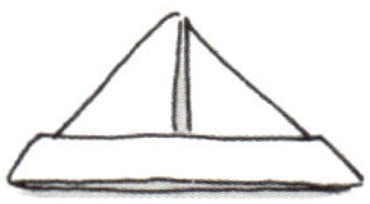

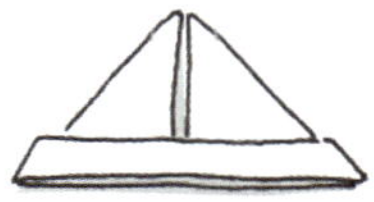

1. und 4.
3.
2. und 5.

1 bis 3 Eine Geschichte erzählen, dabei auf die Reihenfolge achten, Ordnungszahlen eintragen.
4 Faltanleitung in die richtige Reihenfolge bringen. 5 Hüte nach Anleitung einfärben.

1

___ ○ ___   ___ ○ ___

2

5 ○ 8   10 ○ 7   15 ○ 20

9 ○ 2   17 ○ 14   12 ○ 16

3

17 15 12 8 20 10 6 14   <

2 16 19 9 5 0 18 13   <

___ < ___   ___ < ___

___ < ___   ___ < ___

___ < ___   ___ < ___

___ < ___   ___ < ___

4 7 — □ — □ — □ — □

5 □ — 13 — □ — □ — □

6 □ — □ — 18 — □ — □

7

V	Zahl	N
	7	
	10	
	14	
	19	

8

V	Zahl	N
		18
15		
		20
12		

9

□   □

10 + ___   ___

10

□ □ □ □ □

___ ___ ___ ___ ___

1 bis 3 Kleiner oder größer? 4 bis 8 Zahlenreihe, Vorgänger (V) und Nachfolger (N) einer Zahl (Z)
9, 10 Zahlen und Zerlegung

1 Links (l) oder rechts (r)?

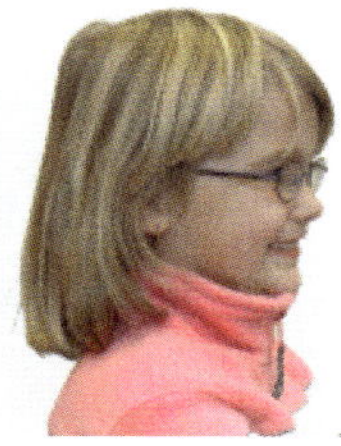

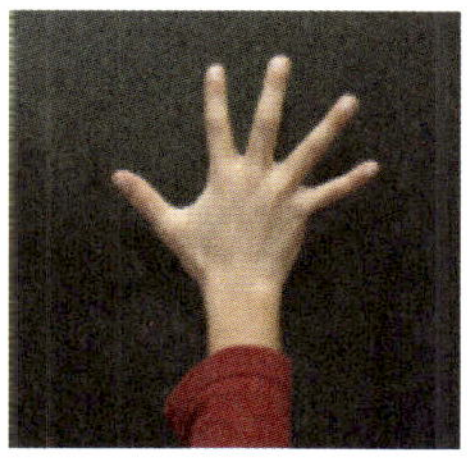

2

4 7 5 9 10 8

3

10

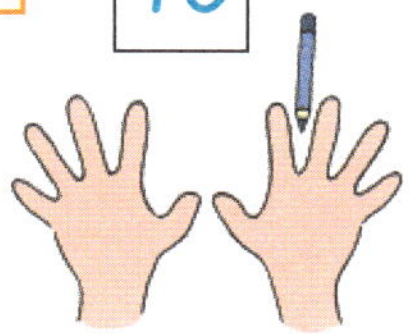

+

10

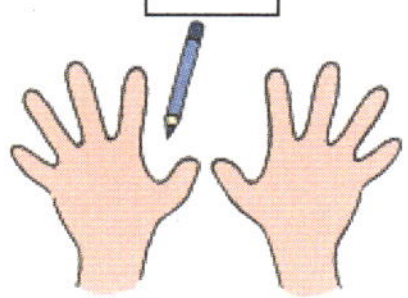

+

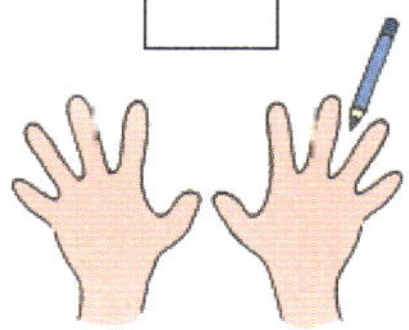

+

4

5

6

1., 5., 9. ,

4, 5 Eigene Aufgaben: Selbst Zerlegungen finden.
6 Ordnungszahlen aufschreiben .

Addieren

1

1. He ho, vier Piraten,
   he ho, vier Piraten,
   he ho, vier Piraten,
   wollen in die Ferne.

2. He, dazu noch dreie,
   he, dazu noch dreie,
   he, dazu noch dreie,
   wollen in die Ferne

3. He, sie sind jetzt sieben,
   he, sie sind jetzt sieben,
   he, sie sind jetzt sieben,
   vier **plus** drei gleich sieben.

2

___ + ___ = ___

3

___ + ___ = ___

1 Nachspielen, dabei Zahlen ändern. 2, 3 Plus-Aufgaben schreiben.

1

2

3

4

5

6

7

8

1 bis 8 Plus-Aufgaben schreiben

Addieren mit Rechenschiffen

1

____

____

2

_____ + _____ = _____

3

____

4

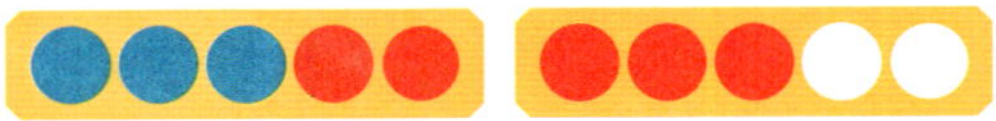

____

5

____

6

____

7

____

Plus-Aufgaben mit allen Sinnen

8

4 + 2 = ____

9

____

10

____

11

____

1

$5 + 3 =$ ____

$5 + 4 =$ ____

2 $7 + 2 =$ ____

3 $4 + 4 =$ ____

4 $6 + 3 =$ ____

5 $2 + 5 =$ ____

6 $8 + 8 =$ ____

Plus-Aufgaben mit allen Sinnen

7

____

8

____

9

____

2 bis 6 Malen und rechnen.

Noch eins dazu

1

4 + 1 = ___ 4 + 4 = ___
4 + 2 = ___ 4 + 5 = ___
4 + 3 = ___ 4 + 6 = ___

2

1 + 1 = ___ 1 + 4 = ___
1 + 2 = ___ 1 + 5 = ___
1 + 3 = ___ 1 + 6 = ___

3

2 + 1 = ___ 2 + 4 = ___
2 + 2 = ___ 2 + 5 = ___
2 + 3 = ___ 2 + 6 = ___

4

3 + 1 = ___ 3 + 3 = ___ 3 + 5 = ___ 3 + 7 = ___
3 + 2 = ___ 3 + 4 = ___ 3 + 6 = ___ 3 + 8 = ___

5

5 + 1 = ___ 5 + 3 = ___ 5 + 5 = ___ 5 + ___ = ___
5 + 2 = ___ 5 + 4 = ___ 5 + 6 = ___ 5 + ___ = ___

6

6 + 1 = ___ 6 + 3 = ___ 6 + 5 = ___ ___ + ___ = ___ ___ + ___ = ___
6 + 2 = ___ 6 + 4 = ___ 6 + 6 = ___ ___ + ___ = ___ ___ + ___ = ___

7

9 + 1 = ___ 9 + 3 = ___ 9 + 5 = ___ ___ + ___ = ___ ___ + ___ = ___
9 + 2 = ___ 9 + 4 = ___ ___ + ___ = ___ ___ + ___ = ___ ___ + ___ = ___

8

0 + 1 = ___ 0 + 5 = ___
0 + 2 = ___ 0 + 6 = ___
0 + 3 = ___ ___ + ___ = ___
0 + 4 = ___ ___ + ___ = ___

9

10 + 1 = ___ 10 + 5 = ___
10 + 2 = ___ 10 + 6 = ___
___ + ___ = ___ ___ + ___ = ___
___ + ___ = ___ ___ + ___ = ___

5 bis 9 Starke Aufgaben: Aufgabenfolge fortsetzen.
5 Gesetzmäßigkeit zur Sprache bringen: Die zweite Zahl wird um 1 größer, das Ergebnis auch.

1

2

3 + ______

3

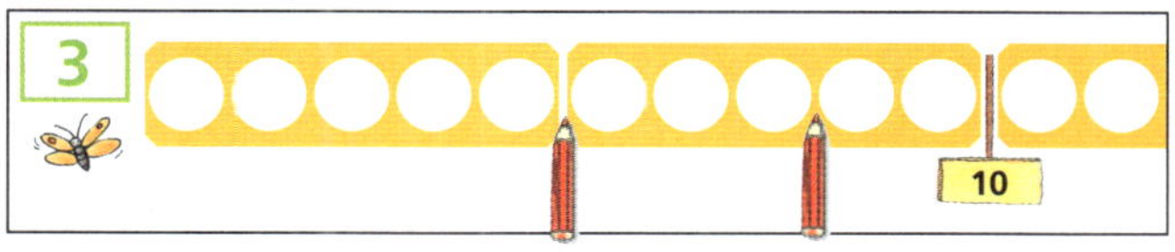

5 + ______

4

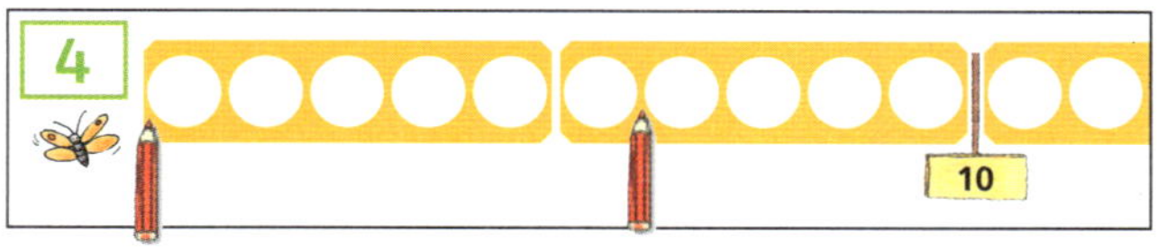

0 + ______

5

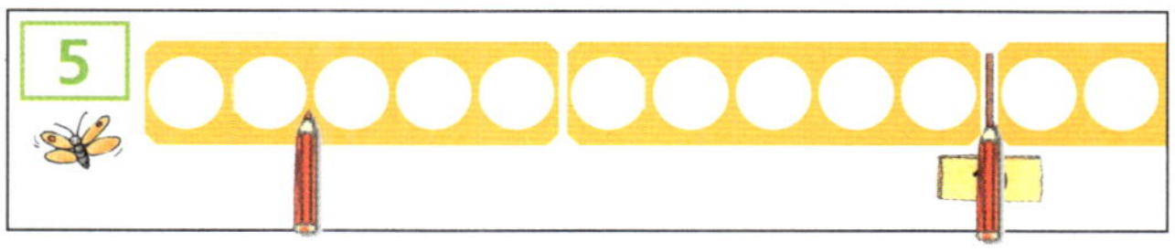

2 + ______

6
3 + 4 = ____
3 + 6 = ____
3 + 3 = ____
3 + 7 = ____

7
1 + 4 = ____
1 + 7 = ____
1 + 5 = ____
1 + 8 = ____

8
4 + 2 = ____
4 + 5 = ____
4 + 6 = ____
4 + 4 = ____

9
5 + 5 = ____
5 + 1 = ____
5 + 4 = ____
5 + 3 = ____

10
6 + 3 = ____
6 + 4 = ____
6 + 2 = ____
6 + 0 = ____

11
7 + 0 = ____
7 + 1 = ____
7 + 2 = ____
7 + 3 = ____

12
8 + 1 = ____
8 + 0 = ____
8 + 2 = ____
8 + 3 = ____

13
10 + 2 = ____
10 + 5 = ____
10 + 1 = ____
10 + 3 = ____

14
12 + 3 = ____
12 + 5 = ____
12 + 6 = ____
12 + 1 = ____

15
15 + 2 = ____
15 + 4 = ____
15 + 3 = ____
15 + 5 = ____

16
17 + 1 = ____
17 + 3 = ____
17 + 2 = ____
17 + 0 = ____

17

Meine Plus-Aufgaben

__ + __ = __　　__________　　__________　　__________

6 bis 16 Als Rechenhilfe mit Stiften an der Beilage Plus-Aufgaben legen. 17 Eigene Aufgaben

Plus-Geschichten: Auf dem Piratenschiff

2 + 3 =

Zu den Bildern Plus-Geschichten erzählen und Plus-Aufgaben schreiben.

Wo sind Plus-Geschichten zu sehen? Bild zeichnen und Plus-Aufgaben schreiben.

Aufgabe und Tauschaufgabe

1

2

4 + 3 =

3 + 4 =

3

4

5

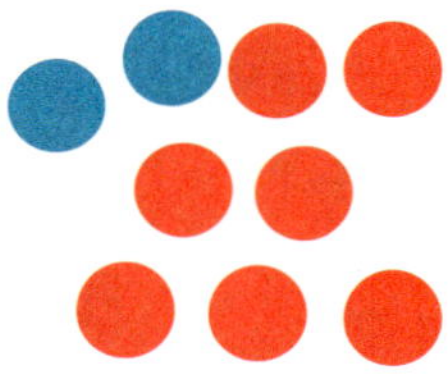

6

7

2 bis 7 Aufgabe und Tauschaufgabe aufschreiben.

1 3 + 7 = ___ 7 + 3 = ___

2 0 + 6 = ___ 6 + 0 = ___

3 1 + 5 = ___ 5 + 1 = ___

4 1 + 6 = ___ ___ + ___ = ___ | 3 + 6 = ___ ___ + ___ = ___ | 3 + 5 = ___ ___ + ___ = ___ | 1 + 7 = ___ ___ + ___ = ___

5 3 + 10 = ___ ___ + ___ = ___ | 3 + 4 = ___ ___ + ___ = ___ | 5 + 10 = ___ ___ + ___ = ___ | 2 + 9 = ___ ___ + ___ = ___

6 1 + 8 = ___ ___ + ___ = ___ | 2 + 5 = ___ ___ + ___ = ___ | 6 + 10 = ___ ___ + ___ = ___ | 3 + 5 = ___ ___ + ___ = ___

7 3 + 15 = ___ ______ | 2 + 13 = ___ ______ | 1 + 17 = ___ ______ | 2 + 16 = ___ ______

8 1 + 11 = ___ ______ | 1 + 19 = ___ ______ | 4 + 11 = ___ ______ | 2 + 18 = ___ ______

9 Male alle Fische, die nach **r**echts schwimmen **r**ot.
Male alle Fische, die nach **l**inks schwimmen **l**ila.

1 bis 8 Erst die Tauschaufgabe aufschreiben und rechnen. 9 Erst malen, dann zählen.

Übungen zum Addieren

1

4 + 6 = ____

4 + 4 = ____

4 + 3 = ____

4 + 2 = ____

4 + 5 = ____

4 + 1 = ____

2

3 + 3 = ____

3 + 5 = ____

3 + 7 = ____

3 + 4 = ____

3 + 6 = ____

3 + 0 = ____

3

5 + 2 = ____

1 + 2 = ____

8 + 2 = ____

4 + 4 = ____

0 + 4 = ____

5 + 4 = ____

4

0 + 5 = ____

3 + 0 = ____

2 + 2 = ____

5 + 5 = ____

1 + 5 = ____

7 + 2 = ____

5

1 + 7 = ____

2 + 4 = ____

1 + 9 = ____

1 + 3 = ____

2 + 7 = ____

1 + 10 = ____

6

3 + 1 + 1 = ____

3 + 1 + 2 = ____

2 + 2 + 3 = ____

2 + 2 + 6 = ____

9 + 1 + 1 = ____

3 + 0 + 5 = ____

Immer zwei Fische sehen gleich aus.

1

4 + ___ = 6

6

2 + ___ = 6

3 + ___ = 6

2 **7**

3 + ___ = 7

6 + ___ = 7

5 + ___ = 7

3 **8**

6 + ___ = 8

4 + ___ = 8

1 + ___ = 8

4 **9**

2 +

4 +

1 +

3 +

5 +

5

___ + 3 = 5

5

___ + 1 = 5

___ + 5 = 5

___ + 4 = 5

6 **8**

___ + 5 = 8

___ + 2 = 8

___ + 8 = 8

___ + 3 = 8

7 **10**

___ + 3 = 10

___ + 6 = 10

___ + 8 = 10

___ + 5 = 10

8 **11**

+ 1

+ 5

+ 9

+ 4

+ 6

+ 8

1 bis 3, 5 bis 7 Fehlende Plättchen malen, fehlende Zahl aufschreiben. 4, 8 Fehlende Zahl aufschreiben.

Ergänzen

1 6 + ___ = 9

2 4 + ___ = 8

3 5 + ___ = 9

4 4 + ___ = 10

5
4 + ___ = 7
4 + ___ = 9
4 + ___ = 4
4 + ___ = 6

6
2 + ___ = 4
2 + ___ = 7
2 + ___ = 5
2 + ___ = 9

7
5 + ___ = 5
5 + ___ = 7
5 + ___ = 9
5 + ___ = 8

8
3 + ___ = 6
3 + ___ = 4
3 + ___ = 9
3 + ___ = 5

9
1 + ___ = 5
2 + ___ = 6
3 + ___ = 7
____

10
2 + ___ = 5
3 + ___ = 6
4 + ___ = 7
____

11
7 + ___ = 9
6 + ___ = 8
5 + ___ = 7
____

12
5 + ___ = 10
4 + ___ = 9
3 + ___ = 8
____

13
3 + 4 + ___ = 8
3 + 3 + ___ = 8
3 + 2 + ___ = 8
3 + 1 + ___ = 8
3 + 0 + ___ = 8

14
2 + ___ + ___ = 10
2 + ___ + ___ = 10
2 + ___ + ___ = 10
2 + ___ + ___ = 10
2 + ___ + ___ = 10

W

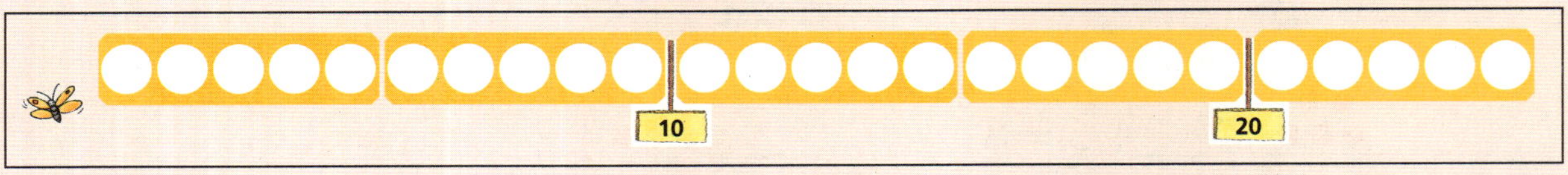

Setze ein: <, >, =

15
5 ◯ 7
3 ◯ 8
9 ◯ 4

16
10 ◯ 8
9 ◯ 11
5 ◯ 1

17
12 ◯ 10
14 ◯ 11
20 ◯ 12

18
10 ◯ 14
19 ◯ 18
15 ◯ 12

1 bis 8 Als Rechenhilfe mit Stiften an der Beilage legen. 9 bis 12 Aufgabenfolge fortsetzen.

1

2

Karten: 2, 5, 4, 3

__ + __ = 5
__ + __ = 6
__ + __ = 7
__ + __ = 7
__ + __ = 8
__ + __ = 9

3

Karten: 6, 0, 3, 2

__ + __ = 2
__ + __ = 3
__ + __ = 5
__ + __ = 6
__ + __ = 8
__ + __ = 9

4

Karten: 3, 5, 1, 4

__ + __ = 4
__ + __ = 5
__ + __ = 6
__ + __ = 7
__ + __ = 8
__ + __ = 9

5

Karten: 3, 0, 7, 2

__ + __ = 2
__ + __ = 3
__ + __ = 5
__ + __ = 7
__ + __ = 9
__ + __ = 10

6

Karten: 4, 2, 6, 3

__ + __ = 5
__ + __ = 6
__ + __ = 7
__ + __ = 8
__ + __ = 9
__ + __ = 10

7

Karten: 3, 0, 6, 5

__ + __ = 3
__ + __ = 5
__ + __ = 6
__ + __ = 8
__ + __ = 9
__ + __ = 11

W

8

7, 5, 1, 8, 0, 10, 6, 4 — <

___ < ___
___ < ___
___ < ___
___ < ___

12, 16, 19, 9, 15, 10, 18, 13 — <

___ < ___
___ < ___
___ < ___
___ < ___

9

2, 6, 1, 9, 5, 10, 8, 3 — >

___ > ___
___ > ___
___ > ___
___ > ___

17, 15, 12, 8, 20, 10, 6, 14 — >

___ > ___
___ > ___
___ > ___
___ > ___

1 bis 7 Aus vier verschiedenen Zahlenkarten sechs Aufgaben bilden. Aufgabe und Tauschaufgabe gelten als eine Aufgabe.

Formen

Welche Form haben die Gegenstände? Rollen sie? Stehen sie? …

1

2

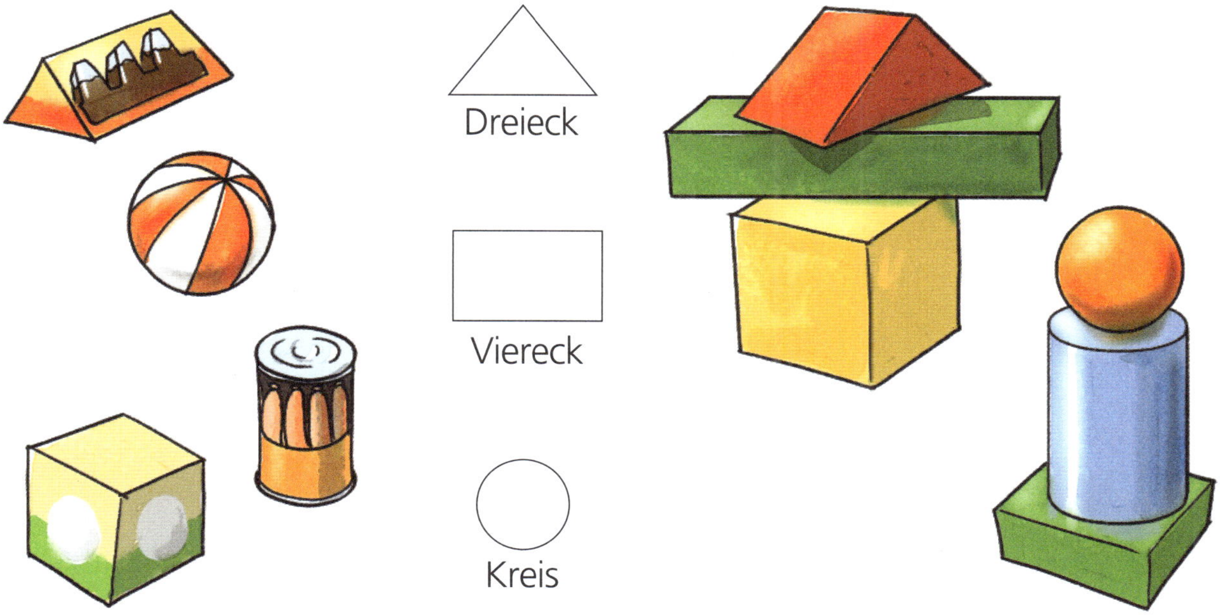

3

4 Welche Formen erkennst du?

5 Mein Formenbild.

2 Mit welchem Gegenstand kann welche Form gezeichnet werden? Verbinde. 3 Abwechselnd Dreiecke und Vierecke aus freier Hand zeichnen. 5 Selbst ein Bild aus Formen drucken oder zeichnen.

Auslegen

1 bis 3 Figuren mit den geometrischen Formen auslegen.

1 bis 3 Figuren mit den geometrischen Formen auslegen.

Nachlegen

1 bis 7 Figuren mit den geometrischen Formen nachlegen.

8 Dreiecke, viele Figuren

1

2

3

4

5

6

7

8

9

12

10

11

Subtrahieren

1

1. He ho, fünf Piraten,
   he ho, fünf Piraten,
   he ho, fünf Piraten,
   wollen in die Ferne.

2. He, drei geh'n von Bord,
   he, drei geh'n von Bord,
   he, drei geh'n von Bord,
   woll'n nicht mehr in die Ferne.

3. He, sie sind noch zweie,
   he, sie sind noch zweie,
   he, sie sind noch zweie,
   fünf **minus** drei gleich zwei.

5 – 3 = 2

5 minus 3 gleich 2

2

vorher ___ ___ – ___ = ___

3

vorher ___ ___ – ___ = ___

1 Nachspielen, dabei Zahlen ändern. 2, 3 Minus-Aufgaben schreiben.

1

vorher ___ ____________

2

vorher ___ ____________

3

vorher ___ ____________

4

vorher ___ ____________

5

vorher ___ ____________

6

vorher ___ ____________

7

vorher ___ ____________

8

vorher ___ ____________

1 bis 8 Erst Minus-Geschichte erzählen, dann Minus-Aufgabe schreiben.

Minus-Geschichten

1

vorher ___ ______________

2

vorher ___ ______________

3

vorher ___ ______________

4

vorher ___ ______________

5

vorher ___ ______________

6

vorher ___ ______________

7

vorher ___ ______________

8

vorher ___ ______________

9

vorher ___ ______________

10

vorher ___ ______________

1 bis 9 Minus-Geschichte erzählen, dann Minus-Aufgabe schreiben. 10 Eigene Minus-Geschichte erfinden, dann Minus-Aufgabe schreiben.

1 Lege 9, nimm 3 weg.
9 – 3 = ____

Lege 7, nimm 2 weg.
7 – 2 = ____

Lege 10, nimm 4 weg.
10 – 4 = ____

Lege und rechne.

2
5 – 2 = ____
5 – 4 = ____
5 – 1 = ____

3
10 – 3 = ____
10 – 6 = ____
10 – 5 = ____

4
9 – 5 = ____
4 – 1 = ____
6 – 2 = ____

5
8 – 4 = ____
4 – 2 = ____
7 – 3 = ____

Male und streiche weg.

6 9 – 3 = ____ 8 – 5 = ____

7 7 – 3 = ____ 9 – 4 = ____

8 6 – 4 = ____ 8 – 6 = ____

9 8 – 3 = ____ 7 – 5 = ____

10 7 – 4 = ____ 6 – 2 = ____

11 10 – 3 = ____ 10 – 6 = ____

12 6 – 0 = ____ 0 – 0 = ____

6 – 2 = ___

1 8 – 2 = ___
8 – 5 = ___
8 – 1 = ___
8 – 4 = ___

2 6 – 4 = ___
6 – 3 = ___
6 – 5 = ___
6 – 6 = ___

3 9 – 5 = ___
9 – 1 = ___
9 – 0 = ___
9 – 4 = ___

4 ___
___
___
___

5

6 5 – 1 = ___
5 – 2 = ___
5 – 3 = ___

7 8 – 2 = ___
8 – 3 = ___
8 – 4 = ___

8 9 – 1 = ___
9 – 2 = ___
9 – 3 = ___

9 10 – 3 = ___
10 – 4 = ___
10 – 5 = ___

10 6 – 1 = ___
6 – 2 = ___
___

11 7 – 4 = ___
7 – 5 = ___
___

12 10 – 8 = ___
10 – 9 = ___
___

13 8 – 6 = ___
___
___

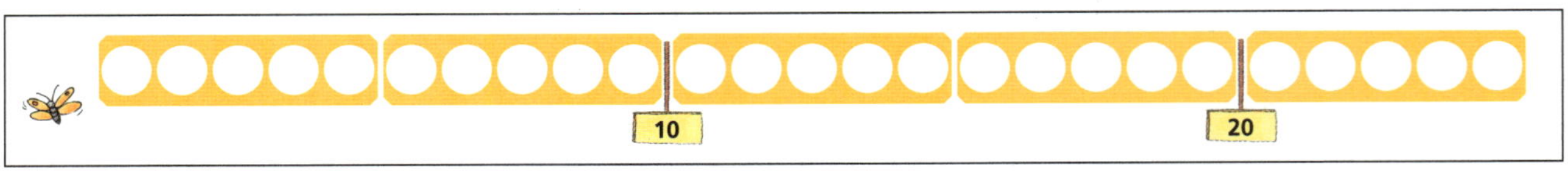

14 14 – 1 = ___ 14 – 3 = ___
14 – 2 = ___ ___

15 15 – 2 = ___ 15 – 4 = ___
15 – 3 = ___ ___

4 Eigene Aufgaben. **5** bis **15** Starke Aufgaben: Gesetzmäßigkeiten entdecken und zur Sprache bringen: Die zweite Zahl wird um 1 größer, das Ergebnis wird um 1 kleiner. **10** bis **15** Aufgabenfolge fortsetzen.

1

9 – 7 = ____
9 – 3 = ____
9 – 4 = ____
9 – 5 = ____
9 – 6 = ____
9 – 8 = ____

2

7 – 2 = ____
7 – 1 = ____
7 – 3 = ____
7 – 6 = ____
7 – 4 = ____
7 – 5 = ____

3

8 – 7 = ____
8 – 6 = ____
8 – 4 = ____
8 – 5 = ____
8 – 2 = ____
8 – 3 = ____

4

9 – 8 = ____
10 – 5 = ____
7 – 1 = ____
8 – 4 = ____
5 – 2 = ____
2 – 0 = ____

5

6 – 6 = ____
10 – 5 = ____
3 – 1 = ____
6 – 6 = ____
7 – 4 = ____
4 – 3 = ____

6

4 – 2 – 2 = ____
7 – 4 – 2 = ____
10 – 1 – 1 = ____
8 – 3 – 2 = ____
6 – 5 – 1 = ____
9 – 3 – 0 = ____

Immer zwei Schiffe sehen gleich aus.

Minus-Geschichten: Auf der Pirateninsel

2 – 1 =

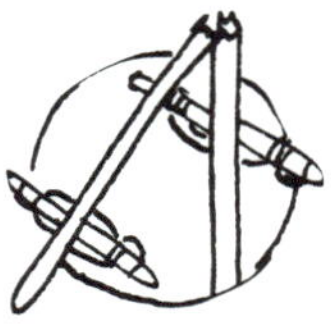

Zu allen Bildern Minus-Geschichten erzählen und Minus-Aufgaben schreiben.

Wo sind Minus-Geschichten zu sehen? Bild zeichnen und Minus-Aufgabe schreiben.

Nachbaraufgaben im Minus-Segel

0 – 0										
1 – 0	1 – 1									
2 – 0	2 – 1	2 – 2								
3 – 0	3 – 1	3 – 2	3 – 3							
4 – 0	4 – 1	4 – 2	4 – 3	4 – 4						
5 – 0	5 – 1	5 – 2	5 – 3	5 – 4	5 – 5					
6 – 0	6 – 1	6 – 2	6 – 3	6 – 4	6 – 5	6 – 6				
7 – 0	7 – 1	7 – 2	7 – 3	7 – 4	7 – 5	7 – 6	7 – 7			
8 – 0	8 – 1	8 – 2	8 – 3	8 – 4	8 – 5	8 – 6	8 – 7	8 – 8		
9 – 0	9 – 1	9 – 2	9 – 3	9 – 4	9 – 5	9 – 6	9 – 7	9 – 8	9 – 9	
10 – 0	10 – 1	10 – 2	10 – 3	10 – 4	10 – 5	10 – 6	10 – 7	10 – 8	10 – 9	10 – 10

1
0 – 0 = ___
1 – 0 = ___
2 – 0 = ___
3 – 0 = ___

2
2 – 2 = ___
3 – 2 = ___
4 – 2 = ___
5 – 2 = ___

3
4 – 4 = ___
5 – 4 = ___
6 – 4 = ___
7 – 4 = ___

4
5 – 3 = ___
6 – 3 = ___
7 – 3 = ___
___

5
7 – 6 = ___
8 – 6 = ___
___
___

6
6 – 5 = ___
7 – 5 = ___
___
___

7 7 – 0 = ___ 7 – 1 = ___ 7 – 2 = ___ ___

8 10 – 0 = ___ 10 – 1 = ___ ___ ___ ___

9 ___ ___ ___ ___

Fehlende Aufgaben aus dem Minus-Segel eintragen. Gesetzmäßigkeiten entdecken und nutzen. **1** bis **6** Die erste Zahl wird um eins größer, das Ergebnis um eins größer. **9** Eigene Aufgaben wählen.

1

2 – 0 = ____ 2 – 1 = ____

________ 3 – 1 = ____

____

2

6 – 1 = ____

________ ________

3

5 – 2 = ____

6 – 2 = ____ ________

7 – 2 = ____ ________

________ 8 – 3 = ____

4

________ 6 – 6 = ____

________ ________

8 – 5 = ____ ________

9 – 5 = ____ ________

5

6 – 4 = ____ ________

7 – 4 = ____ ________

________ ________

________ 9 – 5 = ____

6

7 – 6 = ____ ________

________ ________

________ 9 – 7 = ____

________ ________

7

________ 8 – 3 = ____

9 – 2 = ____ ________

________ ________

________ 11 – 3 = ____

8

7 – 4 = ____

________ 8 – 5 = ____

________ ________

________ ________

________ ________

9) 10 – 2 = 8 10) 8 – 3 =

10 – 5 = 6 – 2 =

9 – 3 = 9 – 1 =

9 – 0 = 5 – 4 =

11
7 – 6
5 – 2
3 – 1
8 – 4

12
6 – 6
7 – 3
4 – 1
9 – 4

13
8 – 0
5 – 4
3 – 3
7 – 2

14
5 – 1
9 – 6
8 – 8
7 – 5

15
10 – 0
8 – 4
7 – 1
2 – 1

1 bis 6 Fehlende Aufgaben aus dem Minus-Segel eintragen.

1

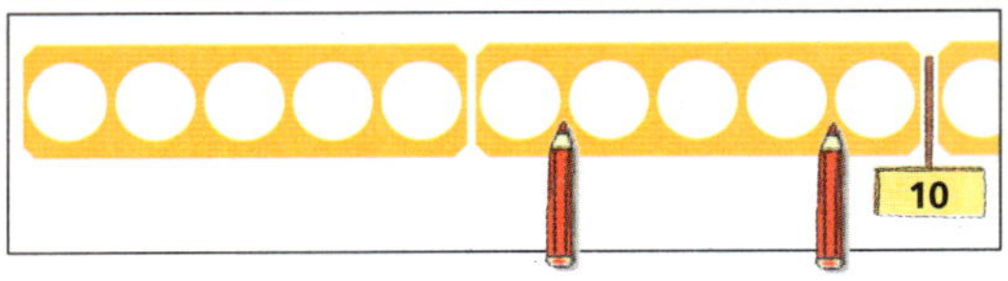

9 – 3 = ____

____

2

8 – 3 = ____ 8 – 5 = ____
7 – 4 = ____ 7 – 6 = ____
9 – 5 = ____ 9 – 3 = ____

3

5 – 4 = ____ 10 – 7 = ____
9 – 0 = ____ 10 – 9 = ____
7 – 4 = ____ 10 – 4 = ____

4

6 – 4 = ____ 7 – 5 = ____
6 – 3 = ____ 7 – 4 = ____
6 – 2 = ____ 7 – 3 = ____
____________ ____________

5

6 – 6 = ____
7 – 6 = ____ 7 – 7 = ____
8 – 6 = ____ 8 – 7 = ____
9 – 6 = ____ 9 – 7 = ____

6

7 – 4 = ____ 7 – 5 = ____
8 – 4 = ____ 8 – 5 = ____

7

8 – 2 = ____ 8 – 3 = ____
9 – 2 = ____ 9 – 3 = ____

8

vorher ___ ____________

vorher ___ ____________

vorher ___ ____________

9

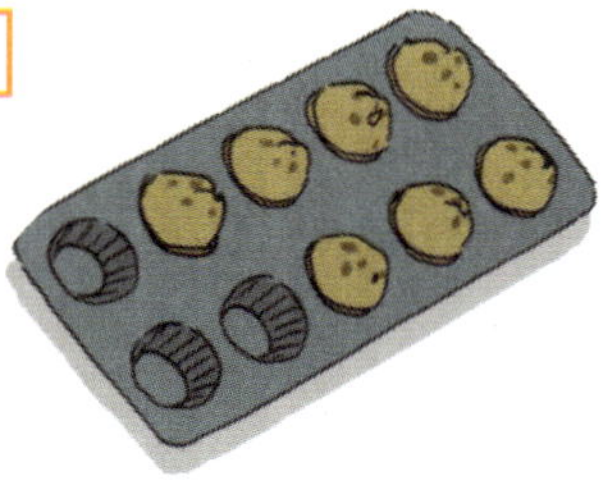

vorher ___ ____________

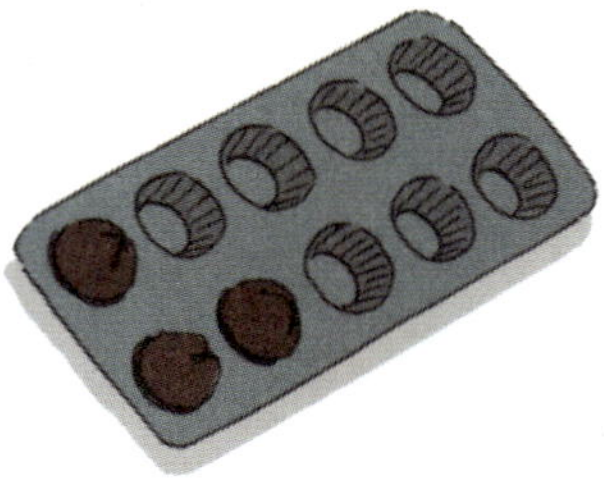

vorher ___ ____________

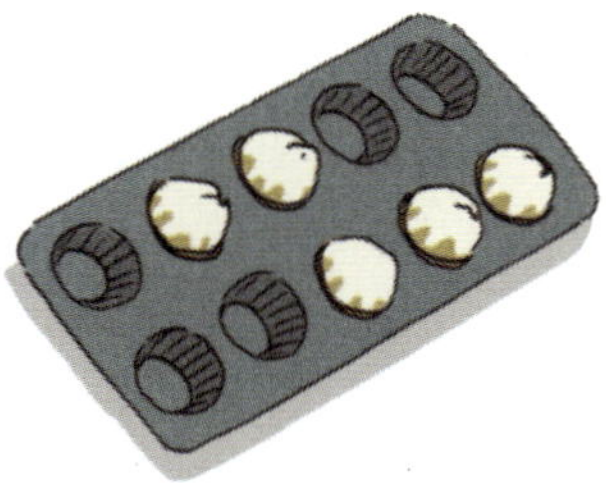

vorher ___ ____________

1

3 + 6 = ____
6 + 3 = ____

2
1 + 8 = ____
8 + 1 = ____

3
5 + 3 = ____
__ + __ = ____

4
2 + 4 = ____
__ + __ = ____

5
7 + 1 = ____
__ + __ = ____

6

1 + 9 = ____	2 + 7 = ____	4 + 6 = ____	10 + 1 = ____
9 + 1 = ____	__________	__________	__________

7

3 + 7 = ____	1 + 9 = ____
8 + 0 = ____	6 + 2 = ____
4 + 4 = ____	0 + 9 = ____
4 + 6 = ____	5 + 5 = ____

8

2 + 3 = ____	3 + 3 = ____
2 + 4 = ____	3 + 4 = ____
2 + 5 = ____	3 + 5 = ____
__________	__________

9

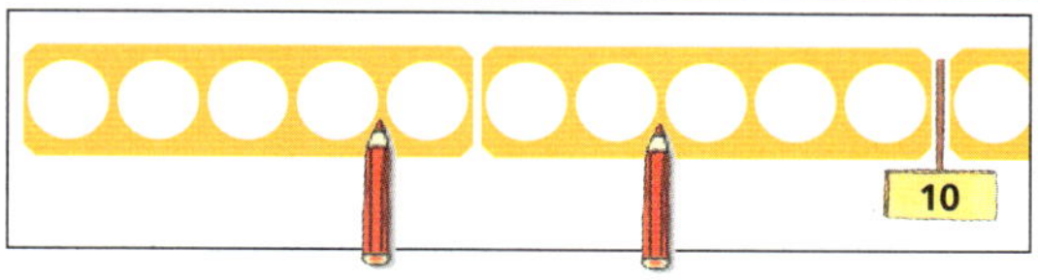

4 + ____ = 7

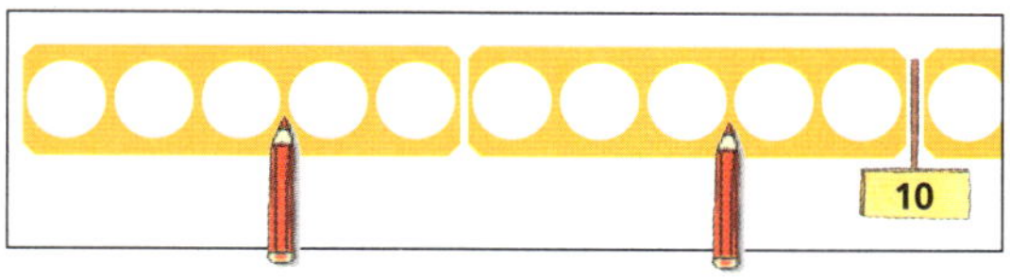

3 + ____ = 8

10

5 + ____ = 6	2 + ____ = 5
5 + ____ = 7	2 + ____ = 6
5 + ____ = 8	2 + ____ = 7
5 + ____ = 9	2 + ____ = 8

11

5 + 4 + ____ = 10
4 + 3 + ____ = 10
3 + 2 + ____ = 10
2 + 1 + ____ = 10

12 4, 6, 8, ____, ____, ____, 16

13 0, 3, 6, ____, ____, ____, 18

14 20, 18, 16, ____, ____, ____, 8

15 19, 16, 13, ____, ____, ____, 1

16 2, 5, 4, 7, ____, ____, ____, 11

17 2, 1, 4, 3, ____, ____, ____, 7

18 8, 9, 6, 7, ____, ____, ____, 3

19 9, 6, 7, 4, ____, ____, ____, 0

1 bis 8 Aufgabe und Tauschaufgabe, dazu die Umkehraufgaben 9 bis 11 Ergänzen
12 bis 19 Starke Aufgaben: Zahlenfolgen fortsetzen.

Geld

1

2

1, 2 Preis eintragen, Münzen und Scheine legen und malen.

1

___ €

___ €

___ €

2

___ €

___ €

___ €

3

___ €

___ €

4

___ €

1 bis **3** Gesamtpreis mit Geld legen, dann Münzen und Scheine malen und Gesamtpreis eintragen.
4 Eigene Aufgaben bilden.

Wie viel Euro zurück?

1

8 €

Zurück:

2 €

2

7 €

Zurück:

____ €

3

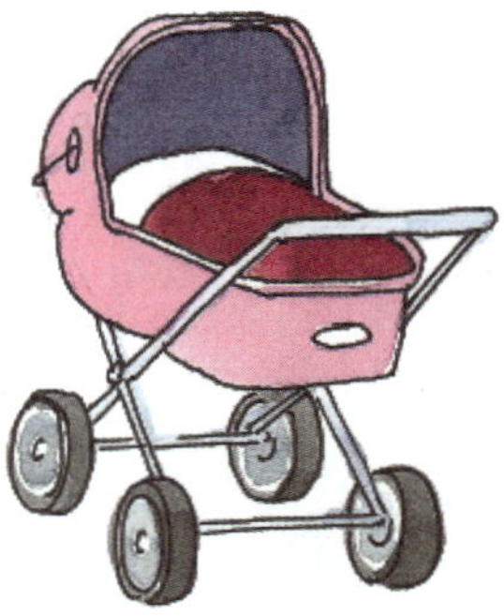

6 €

Zurück:

____ €

4

3 €

Zurück:

____ €

5

4 €

Zurück:

____ €

6

7 €

Zurück:

____ €

7

9 €

Zurück:

____ €

1 bis 7 Nachspielen, zurückgegebenen Betrag eintragen.

1

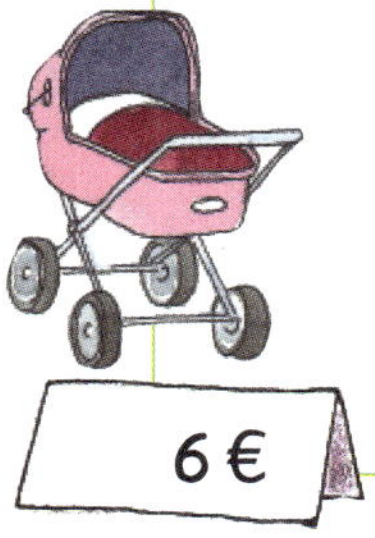

2

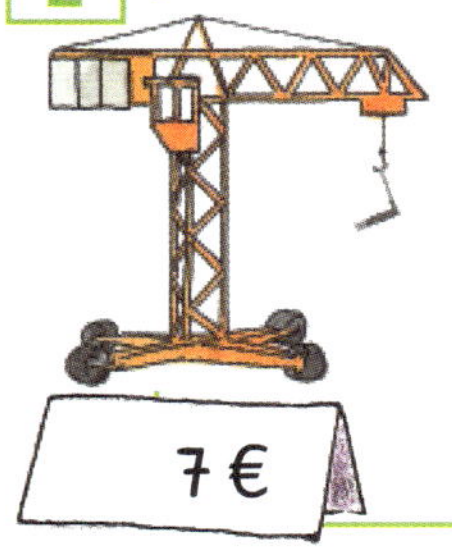

3

4

5

1 bis 5 Nachspielen, Preis auf verschiedene Weise mit Rechengeld legen, Münzen und Scheine malen.

Addieren und Subtrahieren

1 ABC

19	9	14	1
S	I		

12	5	14	1

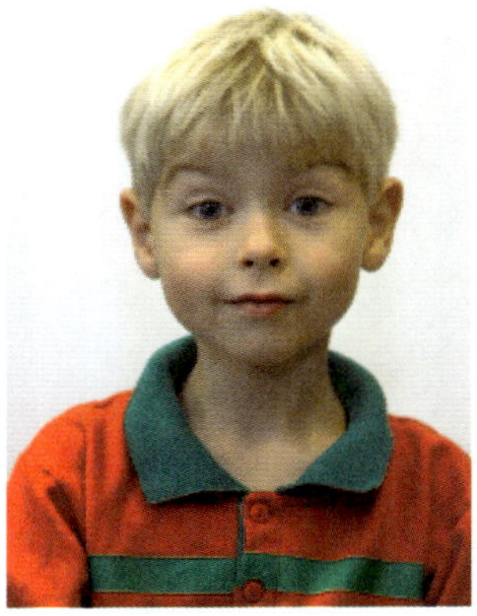

20	15	13

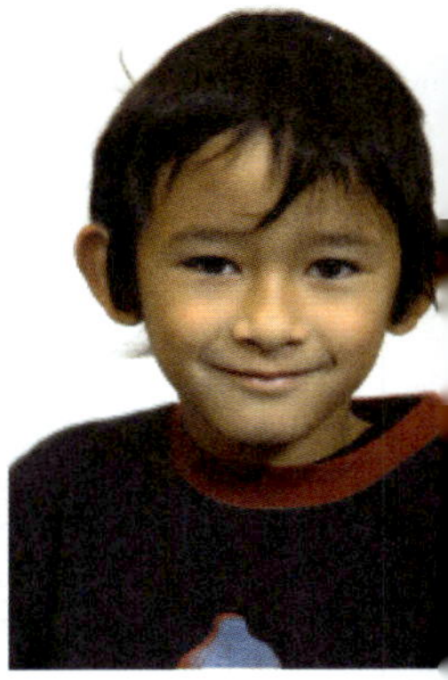

13	5	20	9	14

2 ABC

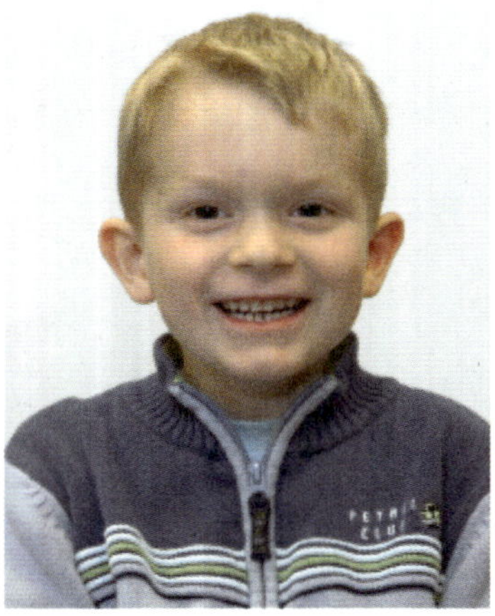

4 + 2 = 6	F
1 + 0 = ____	
6 − 4 = ____	
6 + 3 = ____	
8 − 7 = ____	
10 + 4 = ____	

F

3 ABC

10 − 8 = ____	
10 − 5 = ____	
20 + 0 = ____	
2 + 7 = ____	
13 + 1 = ____	
6 − 5 = ____	

4 ABC

10 + 3 = ____	
10 − 9 = ____	
10 + 8 = ____	
10 + 1 = ____	
20 + 1 = ____	
20 − 1 = ____	

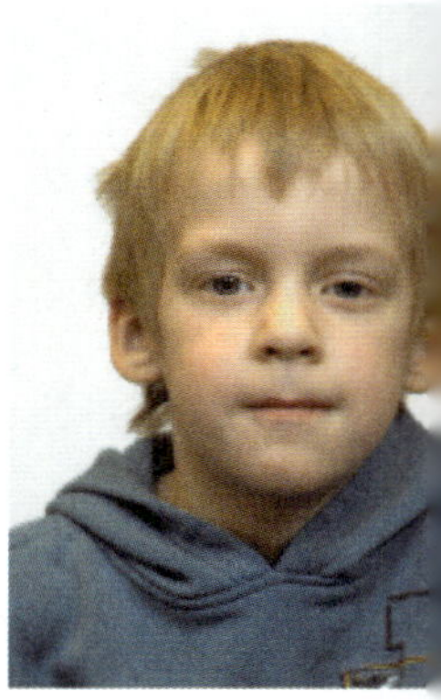

2 bis 4 Rechnen, zum Ergebnis den Buchstaben suchen und eintragen, Namen des Kindes unter das Bild schreiben.

1 ABC

6 – 4 = 2 B
4 – 3 = ____
10 + 2 = ____
11 + 1 = ____
17 + 1 = ____
16 – 1 = ____
20 + 0 = ____

B

2 ABC

9 – 1 = ____
15 + 0 = ____
10 + 9 = ____
8 – 3 = ____
7 – 5 = ____
11 + 1 = ____
9 – 8 = ____
20 + 1 = ____

3 ABC

0 + 1 = ____
20 + 1 = ____
20 + 0 = ____
14 + 1 = ____
10 + 2 = ____
10 – 1 = ____
12 + 0 = ____
1 – 0 = ____

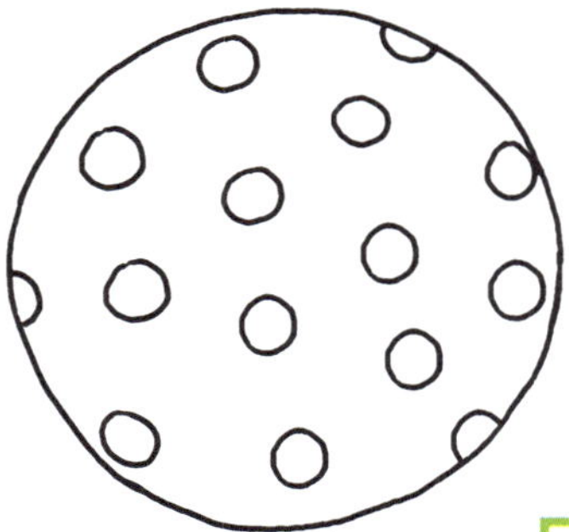

4 ABC

8 – 6 = ____
21 + 0 = ____
10 + 9 = ____

9 – 2 = ____
8 – 3 = ____
10 + 2 = ____
4 – 2 = ____

Rechnen, zum Ergebnis im Zahlen-ABC den Buchstaben suchen und eintragen, den Gegenstand und die Farbe schreiben, den Gegenstand ausmalen.

Tabellen

1

2

	und	aus	ut
H	Hund		
M			

3

	olle	and	ind
W			
R			

4

+	3	4	2
4	7	8	
6			

5

+	6	1	5
1			
4			

6

+	3	5	8
2			
10			

7

+	7	5	6
3			
5			

8

+			
3			
0			

9

–	1	3	2
7	6	4	
9			

10

–	5	3	0
10			
5			

11

–			
9			
10			

1 Passenden Hut und Brille oder Hut und Augenklappe malen. 2, 3 Wörter passend zusammensetzen.
8, 11 Eigene Aufgaben: Selbst Zahlen einsetzen und rechnen.

1

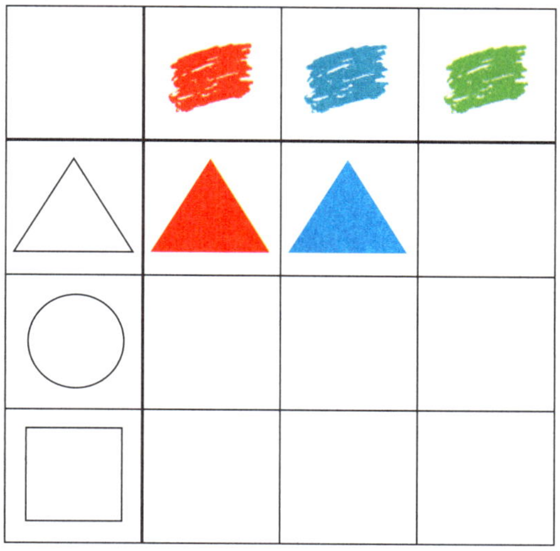

2

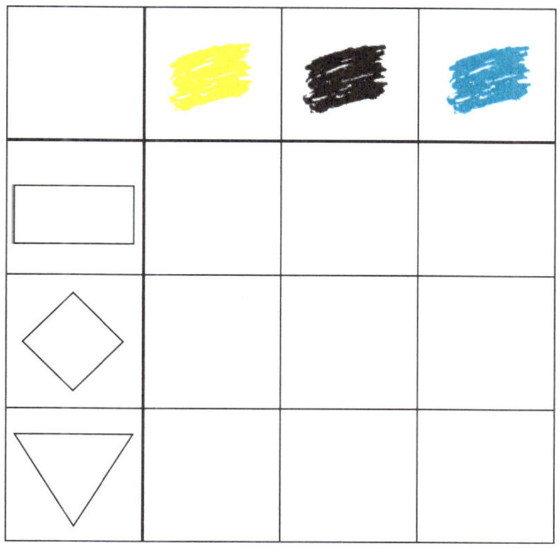

3

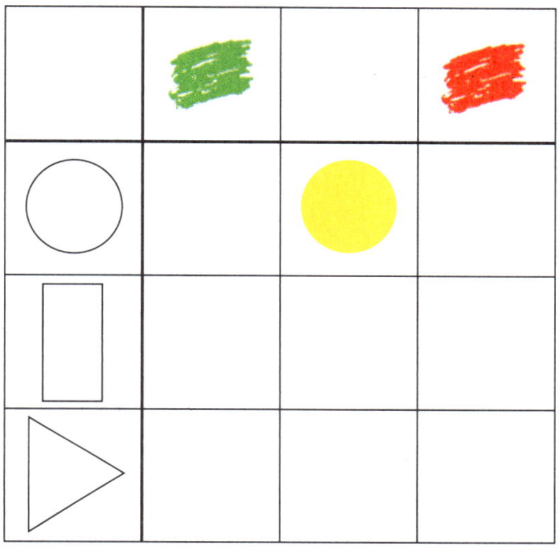

4

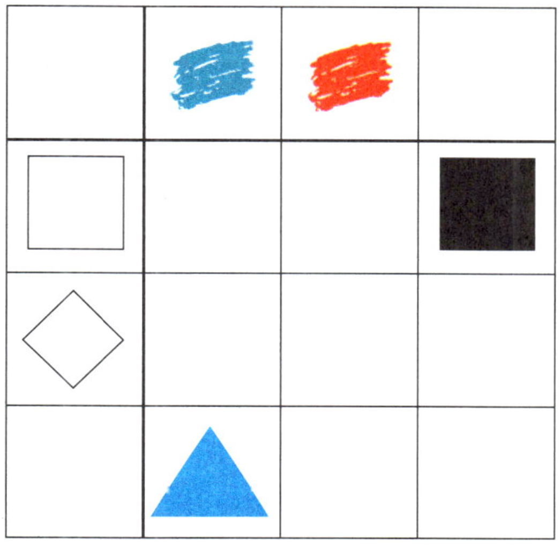

5

+	3	5	
5	8	10	6
0			

6

+	6	1	5
	10		
6			

7

+	4	0	10
6			
	8		

8

+	2	3	
	9		7
2			

9

+	5		
	10	8	7
10			

10

–	3	8	
10			
8			4

11

–		3	0
7			
5	0		

12

–	2		4
8		5	
	7		

1 bis 4 Form in passender Farbe malen. 5 bis 12 Fehlende Zahl in den Eingangszeilen bestimmen und Tabelle füllen.

1

17 + 1 = ____
9 – 4 = ____
25 + 1 = ____
8 – 3 = ____
18 – 2 = ____
18 + 2 = ____

2

10 + 3 = ____
10 – 5 = ____
10 – 2 = ____
10 + 2 = ____

3

19 + 1 = ____
0 + 5 = ____
11 – 2 = ____
9 – 2 = ____

4

9 – 7 = ____
14 – 2 = ____
7 – 2 = ____
10 – 7 = ____
2 + 6 = ____

5

8 – 6 = ____
10 + 8 = ____
17 – 2 = ____
10 + 10 = ____
1 + 4 = ____

6

10 + 5 = ____
10 – 4 = ____
6 – 1 = ____
12 + 2 = ____

7

13 – 1 – 1 = ____
22 – 0 – 1 = ____
13 – 3 – 7 = ____
16 – 6 – 2 = ____
13 – 3 – 5 = ____
17 – 1 – 2 = ____

1

Zahlenkarten: 4, 1, 2, 5

___ + ___ = 3
___ + ___ = 5
___ + ___ = 6
___ + ___ = 6
___ + ___ = 7
___ + ___ = 9

2

Zahlenkarten: 5, 1, 3, 4

___ + ___ = 4
___ + ___ = 5
___ + ___ = 6
___ + ___ = 7
___ + ___ = 8
___ + ___ = 9

3

Zahlenkarten: 2, 5, 0, 4

___ + ___ = ___
___ + ___ = 4
___ + ___ = 5
___ + ___ = 6
___ + ___ = 7
___ + ___ = ___

4

Zahlenkarten: 3, 1, 6, 2

___ + ___ = ___
___ + ___ = 4
___ + ___ = 5
___ + ___ = 7
___ + ___ = 8
___ + ___ = ___

5

Zahlenkarten: 3, 2, 7, 4

___ + ___ = ___
___ + ___ = 6
___ + ___ = 7
___ + ___ = 9
___ + ___ = 10
___ + ___ = ___

6

Zahlenkarten: 3, 1, 5, ___

___ + ___ = 4
___ + ___ = 5
___ + ___ = 6
___ + ___ = 7
___ + ___ = 8
___ + ___ = 9

7

Zahlenkarten: 4, 3, 6, ___

___ + ___ = 5
___ + ___ = 6
___ + ___ = 7
___ + ___ = 8
___ + ___ = 9
___ + ___ = 10

8

Zahlenkarten: 3, 5, 0, ___

___ + ___ = 3
___ + ___ = 4
___ + ___ = 5
___ + ___ = 7
___ + ___ = 8
___ + ___ = 9

9

Zahlenkarten: 4, 6, 3, ___

___ + ___ = 7
___ + ___ = 8
___ + ___ = 9
___ + ___ = 9
___ + ___ = 10
___ + ___ = 11

10

Partnerspiel
- Zahlenkarten von 0 bis 6
- Vier Zahlenkarten wählen
- Alle sechs Aufgaben rechnen
- Ergebnisse der Größe nach in einen Sechser-Pack eintragen
- Dem Partner drei der vier Zahlenkarten zeigen, er soll die fehlende Zahlenkarte finden

Aus vier verschiedenen Zahlenkarten sechs Aufgaben bilden: Aufgabe und Tauschaufgabe gelten als eine Aufgabe
3 bis 5 Gesetzmäßigkeiten entdecken: Das kleinste Ergebnis ergibt sich aus den kleinsten Zahlenkarten, das größte Ergebnis aus den größten Zahlenkarten. 6 bis 9 Gesetzmäßigkeiten anwenden, um fehlende Zahlenkarte zu bestimmen.

Rechenstrich: Aufgabe und Umkehraufgabe

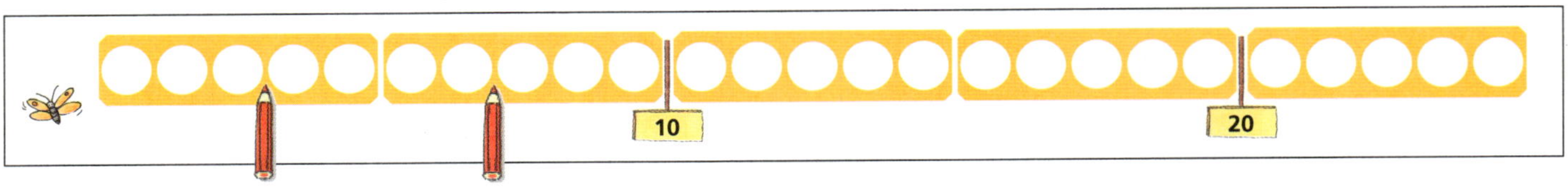

1

5 + 3 = ____

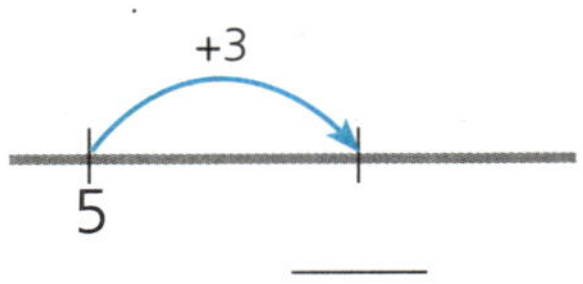

8 – 3 = ____

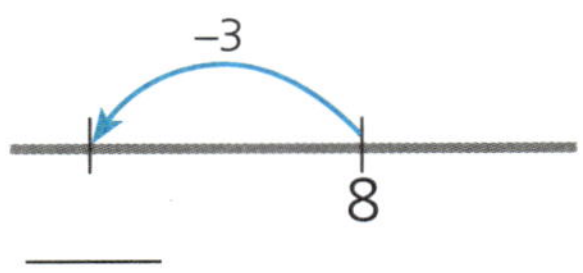

2

4 + 5 = ____

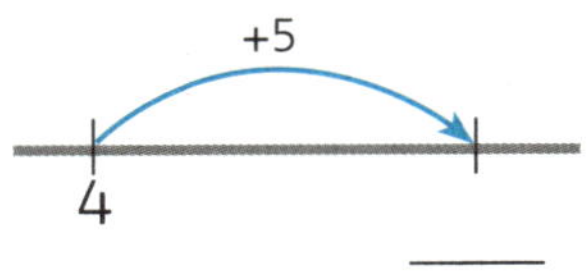

9 – 5 = ____

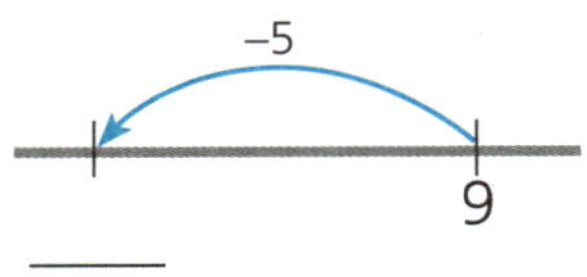

3

8 – 6 = ____

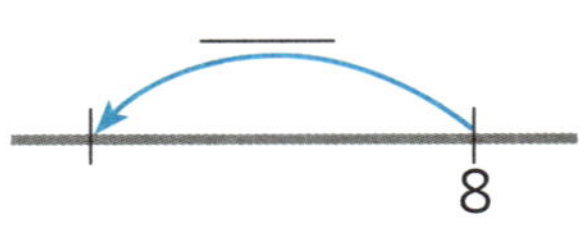

2 + 6 = ____

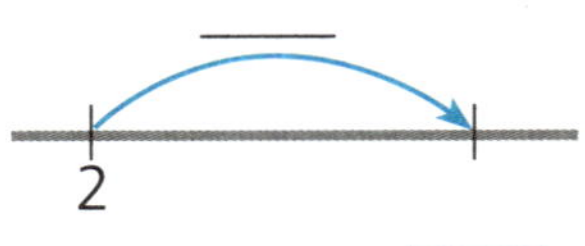

4

9 – 3 = ____

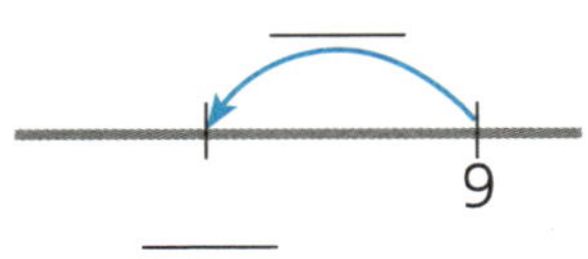

6 + 3 = ____

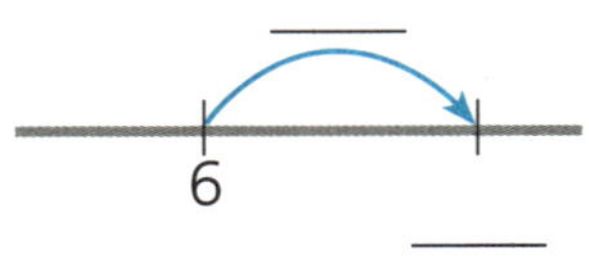

5

___ + ___ = ____

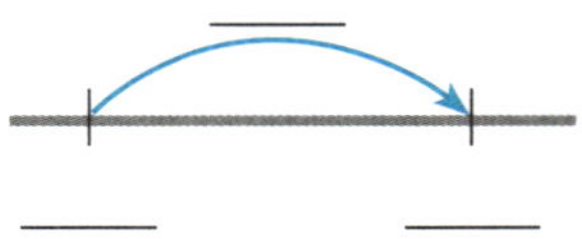

___ – ___ = ____

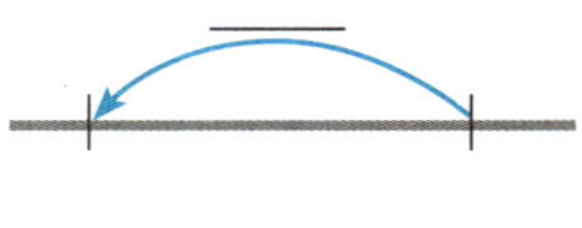

6

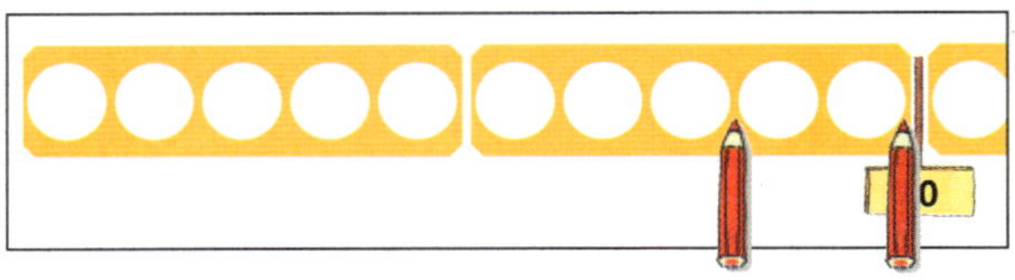

___ + ___ = ____

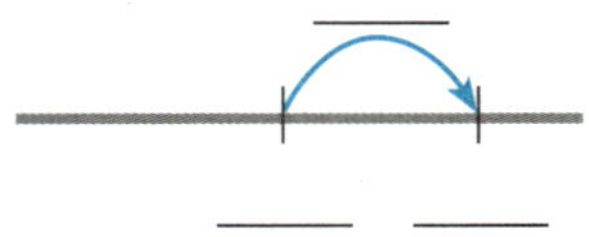

___ – ___ = ____

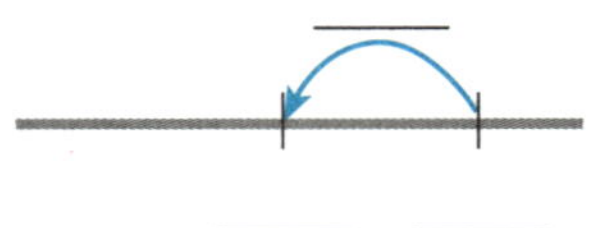

Einführung des Rechenstrichs. **1** bis **6** Aufgabe und Umkehraufgabe am Rechenstrich.

1 ___ − 3 = 7

2 ___ − 3 = 6

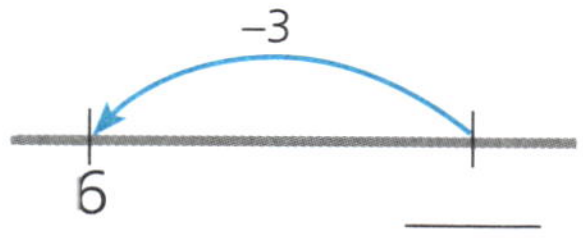

3 ___ − 4 = 5

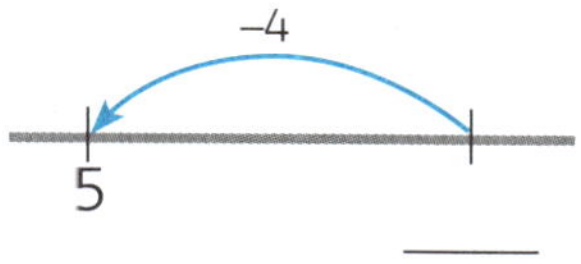

4 ___ − 2 = 8

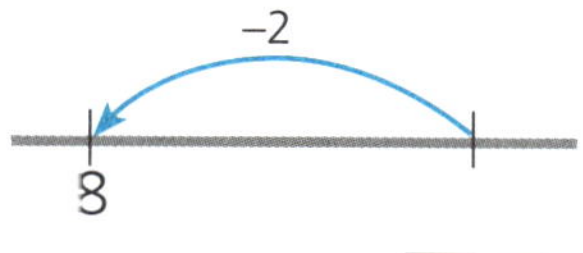

5 ___ − 5 = 3

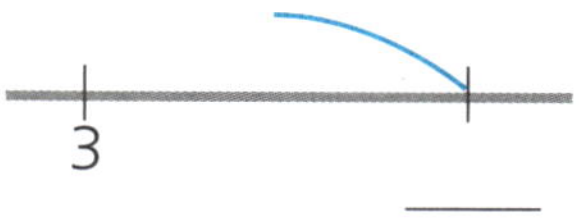

6 ___ − 3 = 4

7
___ + 2 = 10
___ + 2 = 9
___ + 3 = 9
___ + 4 = 10

8
___ − 2 = 8
___ − 3 = 7
___ − 4 = 1
___ − 5 = 0

9
___ + 4 = 10
___ + 4 = 5
___ + 4 = 8

10
___ − 5 = 4
___ − 5 = 3
___ − 5 = 5

11
___ + 3 = 6
___ + 3 = 7
___ + 3 = 9

12
___ − 4 = 6
___ − 4 = 4
___ − 4 = 0

13
___ + 3 = 7
___ − 3 = 7

14
___ − 5 = 5
___ + 5 = 5

15
___ + 3 = 10
___ − 3 = 10

16
___ − 4 = 10
___ + 4 = 10

17
___ + 5 = 6
___ + 5 = 7
___ + 5 = 8
______
______

18
___ + 3 = 6
___ + 3 = 7
___ + 3 = 8
______
______

19
___ − 2 = 6
___ − 2 = 7
___ − 2 = 8
______
______

20
___ − 5 = 3
___ − 5 = 4
___ − 5 = 5
______
______

1 bis 6 Lösen mit der Umkehraufgabe am Rechenstrich. 7 bis 16 Lösen mit der Umkehraufgabe.
17 bis 20 Starke Aufgaben: Aufgabenfolge fortsetzen. Gesetzmäßigkeiten: Das Ergebnis wird eins größer, die erste Zahl auch.

1

Plumino

Drei Zahlen im Kopf,
vier Aufgben
im Bauch:
Zwei Plus-Aufgaben,
zwei Minus-Aufgaben

2

3

4

5

6

1

2

3

4

5

6

7

8

9

10

11

9, 10 Selbst Pluminos malen. 11 Selbst Plumino malen. Es gibt mehrere Möglichkeiten.

Das hast du gerade gelernt

1

+	6	3	5	4
2				
4				

2

–	2	5	8	4
10				
8				

3

–	2	0	6	7
7				
9				

4

2 + 7 = ____ 10 – 3 = ____
3 + 5 = ____ 9 – 5 = ____
1 + 6 = ____ 6 – 6 = ____
0 + 8 = ____ 8 – 0 = ____

5

____ + 4 = 10

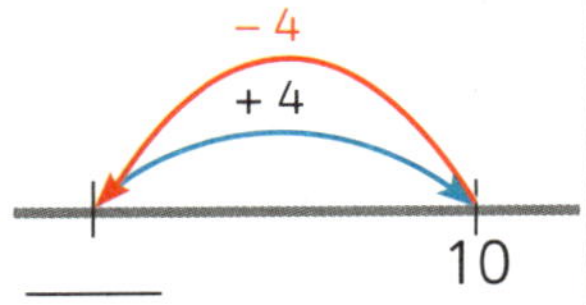

____ – 6 = 2

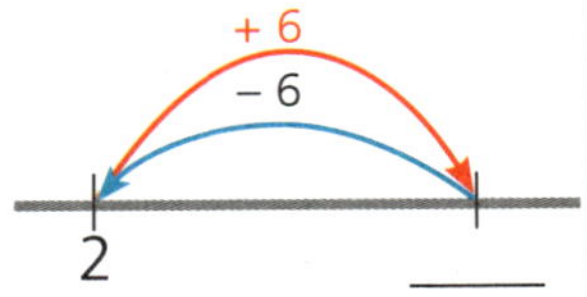

6

____ + 5 = 9 ____ + 3 = 6
____ + 2 = 7 ____ + 4 = 7

7

____ – 7 = 2 ____ – 3 = 4
____ – 3 = 5 ____ – 8 = 2

8

9

10

11

1 bis 3 In Tabellen rechnen bis 10. 5 bis 7 Aufgabe und Umkehraufgabe. 8 bis 11 Verwandte Aufgaben.

1 6

0 + 6

\+

2 7

\+

3 8

\+

4

V	Zahl	N
4	5	6
	10	
	15	
	1	

V	Zahl	N
	7	
	12	
	19	
	11	

5

V	Zahl	N
		7
		20
		11
		15

V	Zahl	N
18		
	17	
		16
19		

6

3 ~~5~~ ~~9~~ 10 11 8 6 20 — <

5 < 9

___ < ___

___ < ___

___ < ___

2 4 12 15 18 7 10 13 — >

___ > ___

___ > ___

___ > ___

___ > ___

Wie heißt die Zahlenkarte?

7

Karten: 5, 2, 4, ___

___ + ___ = 3

___ + ___ = ___

___ + ___ = 6

___ + ___ = 6

___ + ___ = 7

___ + ___ = ___

8

Karten: 3, 0, 4, ___

___ + ___ = 2

___ + ___ = 3

___ + ___ = 4

___ − ___ = ___

___ + ___ = ___

___ + ___ = ___

1 bis 3 Zerlegen. 4 bis 6 Vorgänger, Nachfolger, kleiner als, größer als. 7, 8 Gesetzmäßigkeiten entdecken und anwenden.

Spiegeln

Mit dem Spiegel: Vergrößern, verkleinern. Fertigmachen, was angefangen ist. Das Fenster schließen ...

1

2

3

4

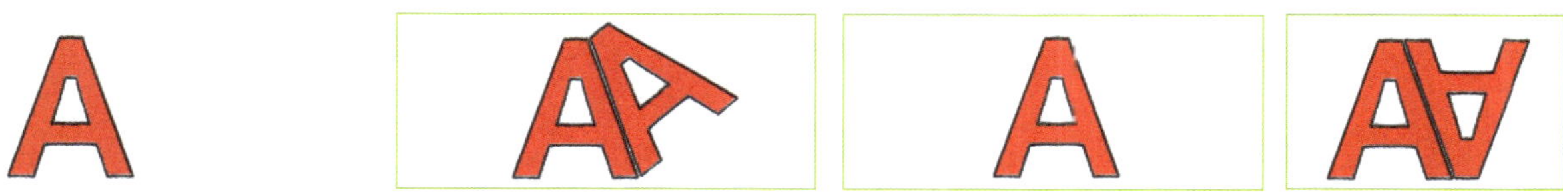

W W

5

8

5 +
2 +
8 +
4 +

6

10

6 +
1 +
8 +
3 +

7

9

8 +
0 +
6 +
5 +

1 bis 4 Spiegelbilder erzeugen. Ein Bild ist falsch. Falsches Bild durchstreichen.
5 bis 7 Wiederholung: Zerlegungsleitern

Spiegeln und zählen

1

10 Puppen	5 Puppen	____ Puppen
2 Puppen	11 Puppen	____ Puppen

2

6 Affen	____ Affen
3 Affen	____ Affen

3

12 Bienen	____ Bienen
11 Bienen	____ Bienen

4

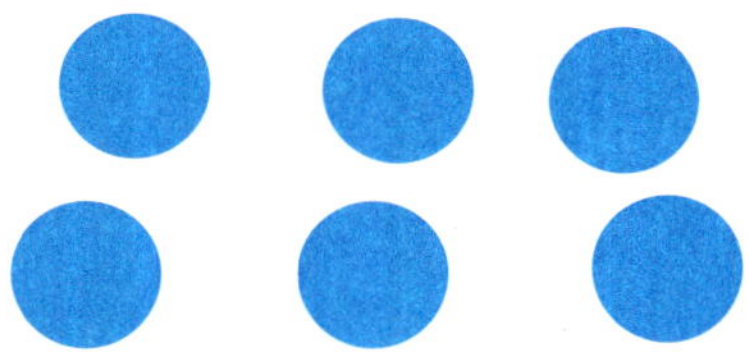

10 ●	____ ●
7 ●	____ ●

5

4 ●	2 ●	____ ●	____ ●
3 ●	1 ●	____ ●	____ ●

6	**7**	**8**	**9**
3 + ____ = 10	9 + ____ = 10	10 – ____ = 9	10 – ____ = 10
5 + ____ = 10	0 + ____ = 10	10 – ____ = 7	10 – ____ = 0
8 + ____ = 10	3 + ____ = 10	10 – ____ = 5	10 – ____ = 4
2 + ____ = 10	6 + ____ = 10	10 – ____ = 8	10 – ____ = 2

1 bis 5 Mit dem Spiegel probieren, bis die angegebene Anzahl zu sehen ist. Selbst weitere Beispiele bilden.
6, 9 Wiederholung: Vor und zurück bis zur 10.

1

2

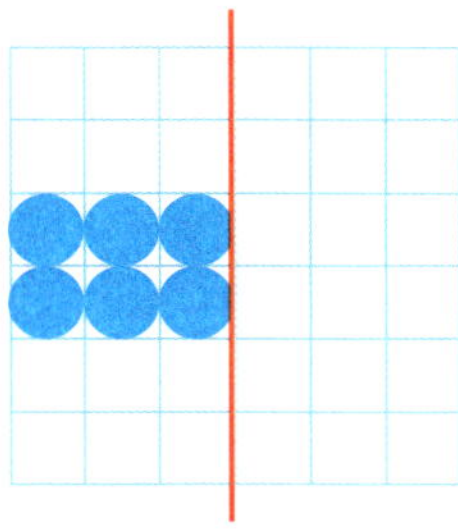

6 + 6 = ____

3

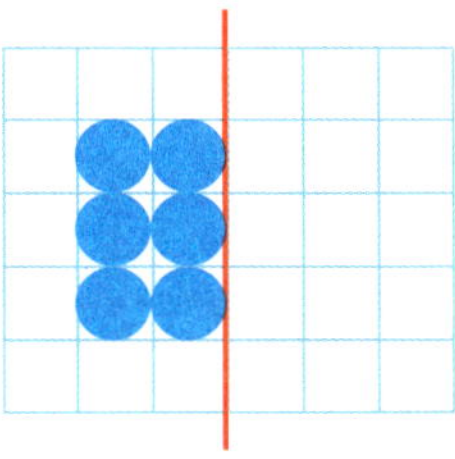

____

4

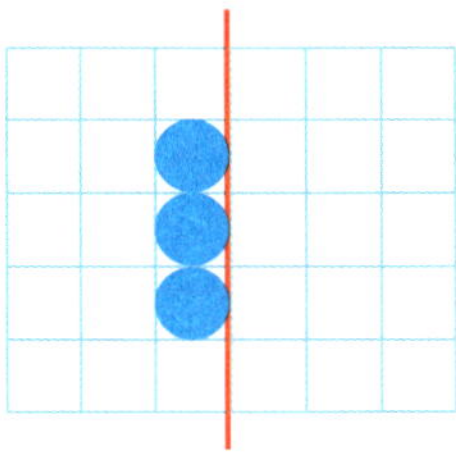

____

5

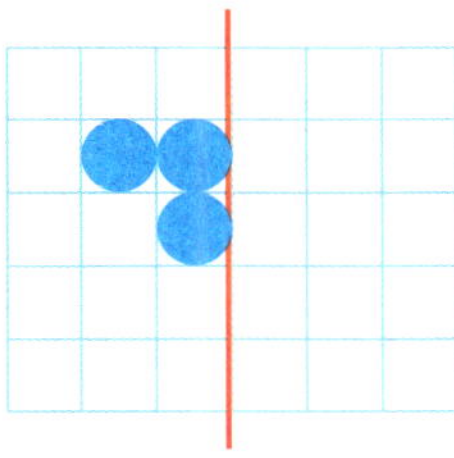

____

6

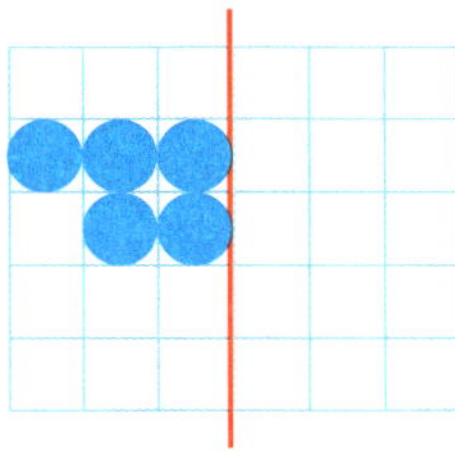

____

7

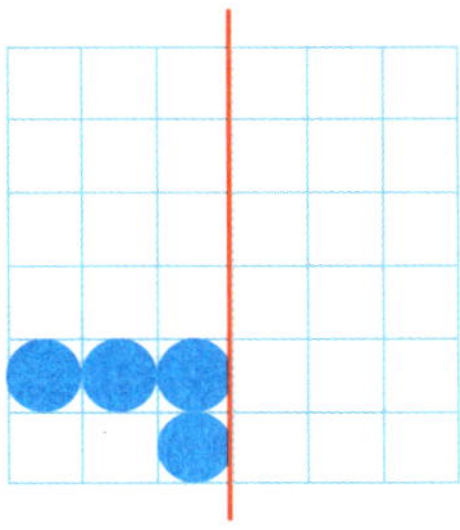

4 + 4 = ____

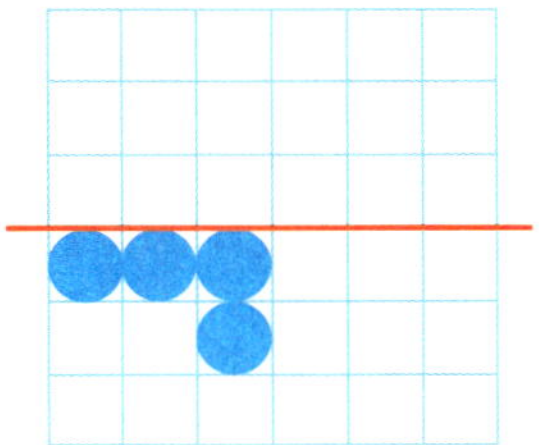

____

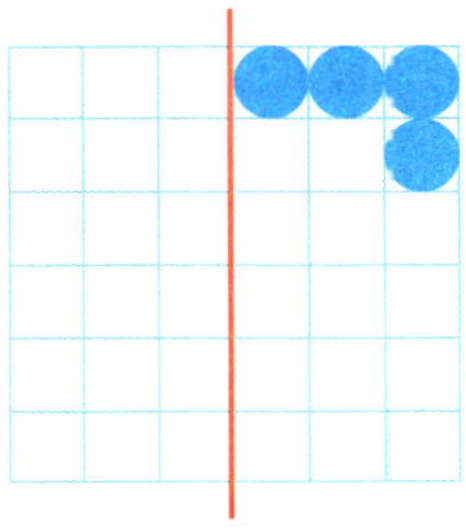

____

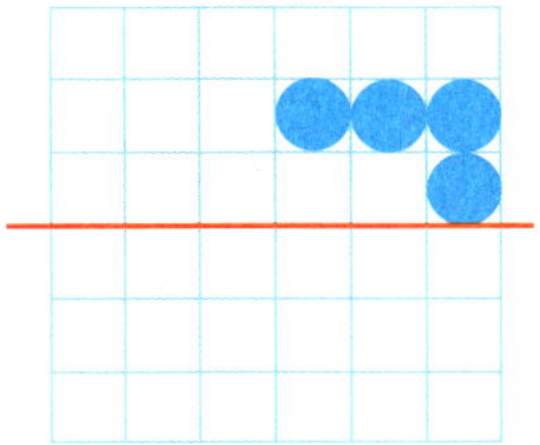

____

8

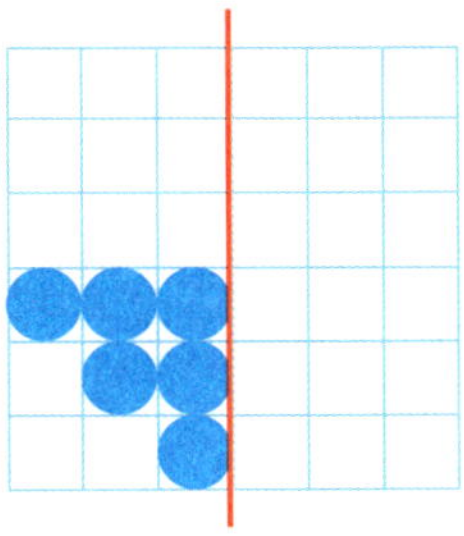

____

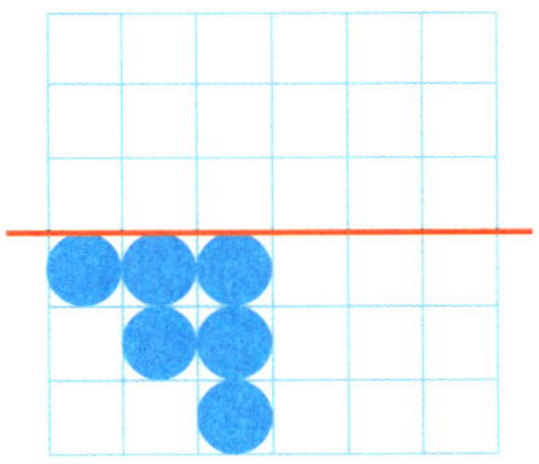

____

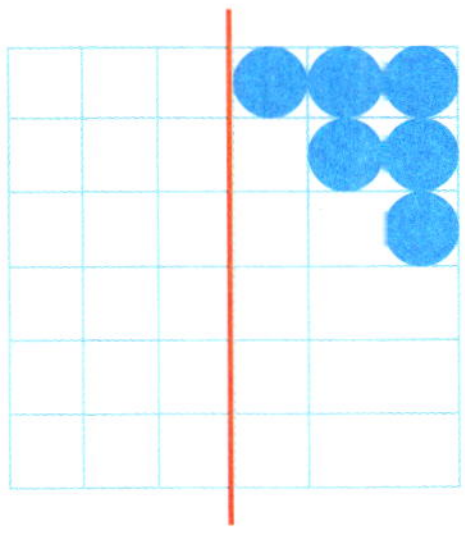

____

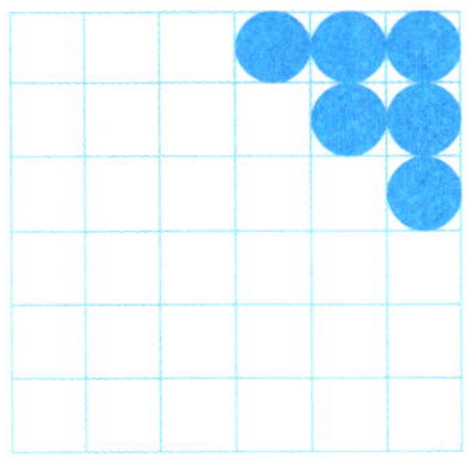

____

W

9

+	2		
5		9	10
3			

10

+			
3	7	8	4
7			

11

+			
0			
2	10	6	5

1 bis 6 Spiegeln, Spiegelbild malen, Aufgabe schreiben. 7, 8 Gleiches Bild, verschiedene Spiegelbilder
9 bis 10 Wiederholung: Tabellen mit Ergänzungsaufgaben.

Verdoppeln

1

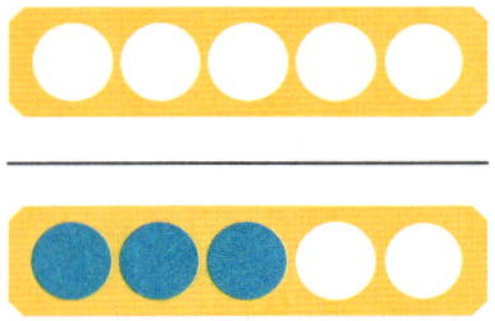

3 + 3 = ____

2

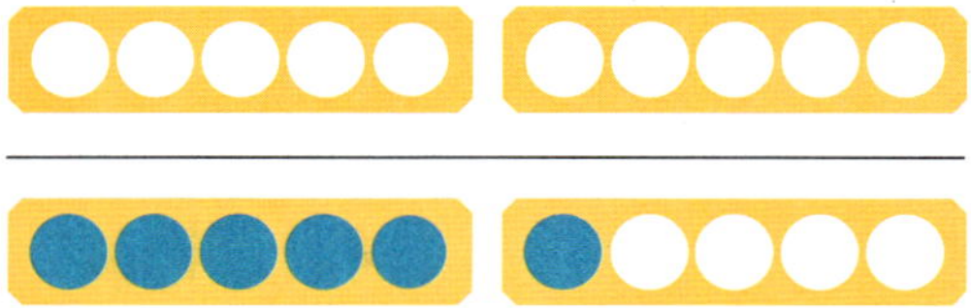

____

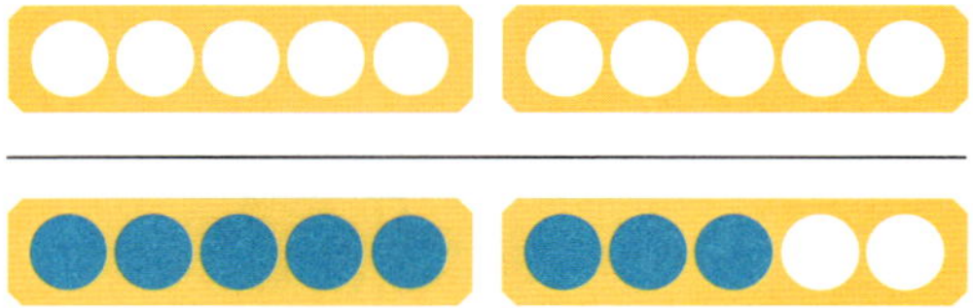

____

3

____

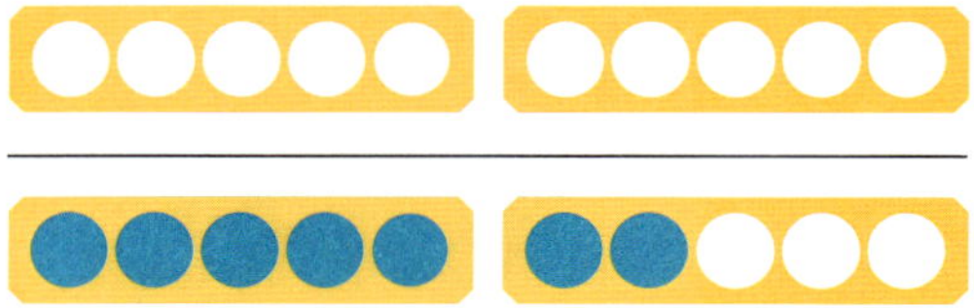

____

4

____

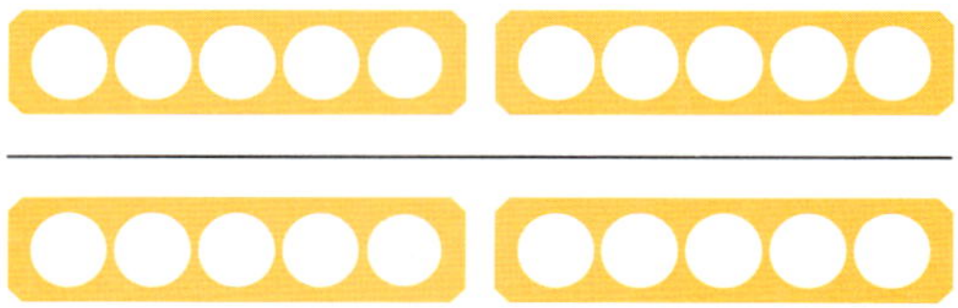

____

5 1 + 1 = ____ 2 + 2 = ____ 3 + 3 = ____ 4 + 4 = ____

6 + 6 = ____ 7 + 7 = ____ 8 + 8 = ____ 9 + 9 = ____

6

Zahl	4	9	1	6	2	7				
das Doppelte							16	6	10	20

7

8

9

10

1 bis 3 Spiegeln, Spiegelbild malen, Aufgaben schreiben. 4 Selbst Spiegelaufgaben bilden.

1 + 1 = ____

Die Henne legt ein Ei.

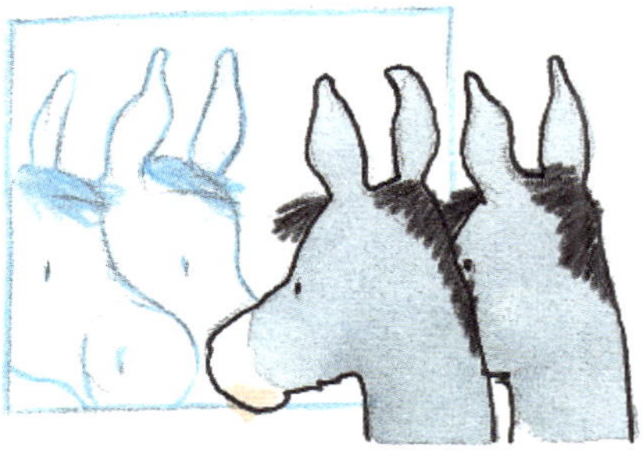

2 + 2 = ____

Das weiß doch jedes Tier.

3 + 3 = ____

So zaubert flinkt die Hex.

4 + 4 = ____

Die Affenbande lacht.

5 + 5= ____

Die Enten finden's schön.

6 + 6 = ____

Da heulen alle Wölf.

7 + 7 = ____

Die Bären vor der Tür stehn.

8 + 8 = ____

Die Kühe müssen wegsehn.

9 + 9 = ____

Die Eulen können bei Nacht sehen.

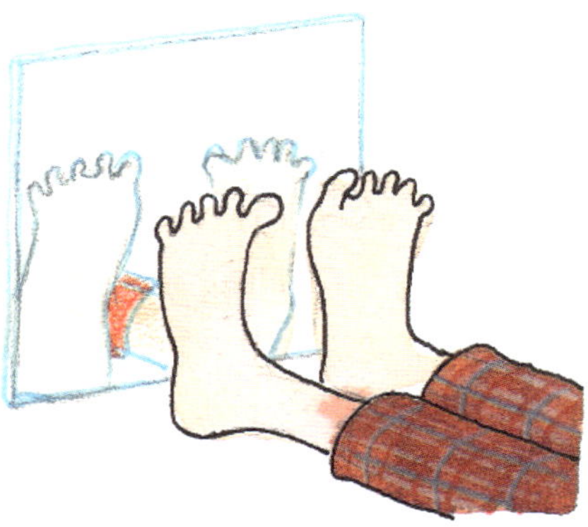

10 + 10 = ____

sagt Tina und entspannt sich.

Rechenstrategien

1

Das kann ich schon	Hier helfe ich mir
6 + 3 = 9	6 + 8 = 14
6 + 1 =	6 + 5 =

2 4 + ☐

3 ☐ + 7

1 bis **3** Aufgaben mit Zahlenkarten legen. Entscheiden, ob die Lösung im Kopf oder mit Hilfen gelingt. Aufgabe und Ergebnis auf den passenden Zettel schreiben.

1

2 5 + 7

3 8 + 7

4

5 4 + 9

6 9 + 8

1, 4 Rechenkonferenzen: Über Lösungswege und Helferaufgaben sprechen.
2, 3, 5, 6 Eigene Lösungswege aufschreiben.

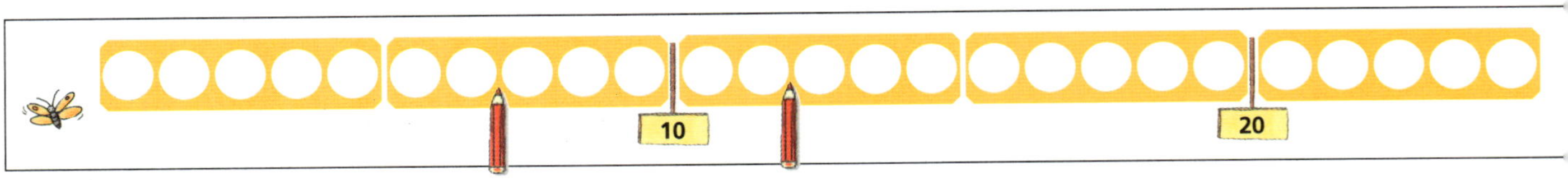

1

7 + 5 = ___

2 8 + 6 = ___

3 9 + 5 = ___

4 6 + 5 = ___

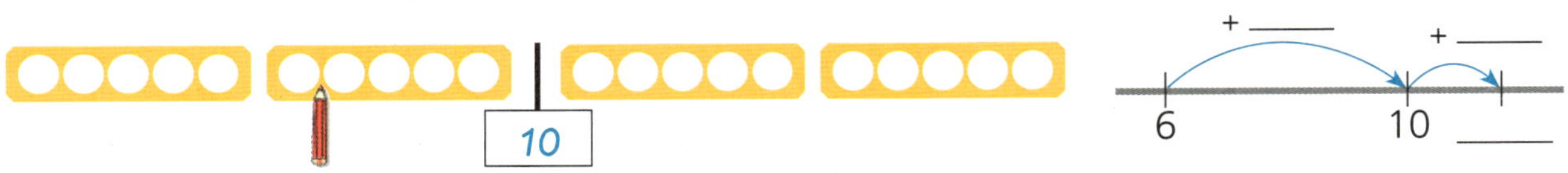

5 7 + 4 = ___

6 6 + 7 = ___

3 bis 6 Zweiten Stift zeichnen und am Rechenstrich die Rechnung aufschreiben.

1

5 + 6 = ____ (+ ____, + ____; 5, 10, ____) 9 + 8 = ____ (+ ____, + ____; 9, 10, ____)

2

3 + 8 = ____ (+ ____, + ____; ____, 10, ____) 8 + 5 = ____ (+ ____, + ____; ____, 10, ____)

3

6 + 6 = ____ (10) 7 + 8 = ____ (10)

4	**5**	**6**	**7**	**8**
8 + 4	5 + 7	7 + 4	6 + 8	9 + 9
8 + 7	5 + 9	7 + 7	6 + 6	9 + 3
8 + 5	5 + 6	7 + 6	6 + 9	9 + 7

9	**10**	**11**	**12**	**13**
9 + 5	6 + 6	8 + 9	6 + 7	3 + 8
6 + 5	9 + 6	3 + 9	8 + 7	7 + 8
7 + 5	5 + 6	5 + 9	5 + 7	5 + 8

14	**15**	**16**
5 + 7 + 5 = ____	4 + 5 + 6 = ____	8 + 6 + 2 = ____
6 + 9 + 4 = ____	3 + 6 + 7 = ____	7 + 5 + 3 = ____
7 + 8 + 3 = ____	2 + 7 + 8 = ____	6 + 6 + 4 = ____

17

18 + 4 = ____ (+ ____, + ____; 18, 20, ____)

19 + 6 = ____ (+ ____, + ____; 19, 20, ____)

15 + 9 = ____ (+ ____, + ____; 15, 20, ____)

1 bis **3** Am Rechenstrich lösen. **14** bis **16** Zahlenblick schärfen. Zahlen in geschickter Reihenfolge addieren.

1

2

14 + 3 = ____ 12 + 5 = ____ 16 + 3 = ____ 11 + 7 = ____
4 + 3 = ____ 2 + 5 = ____ 6 + 3 = ____ 1 + 7 = ____

3

12 + 6 = ____ 13 + 5 = ____ 14 + 5 = ____ 12 + 7 = ____
2 + 6 = ____ ________ ________ ________

4

14 + 2
14 + 4
14 + 7
14 + 9

	1	4	+	2	=	1	6	
		4	+	2	=		6	
	1	4						

5

12 + 3
12 + 7
12 + 4
12 + 6

6

13 + 5
12 + 4
11 + 3
15 + 2

7

11 + 0
12 + 8
13 + 6
16 + 4

8

3 + 12 = ____ 6 + 12 = ____ 8 + 11 = ____
12 + 3 = ____ 12 + 6 = ____ 11 + 8 = ____

4 + 16 = ____ 2 + 17 = ____ 1 + 18 = ____
16 + 4 = ____ ________ ________

9

+	3	5	4
16			
9			

10

+	2	7	
7			
13			19

11

+	6	4	9
		10	
		12	

12

2 + 9
4 + 4
8 + 6
4 + 7

13

14 + 3
3 + 8
11 + 6
7 + 7

14

2 + 16
8 + 9
3 + 5
6 + 14

15

10 + 7
9 + 9
0 + 8
6 + 7

16

15 + 5
5 + 9
8 + 8
12 + 6

1 bis 7 Zuerst die analoge einfache Aufgabe rechnen. 8 Zuerst die Tauschaufgabe aufschreiben und rechnen.
9, 10, 11 Fehlende Zahlen in den Eingangsreihen und -spalten bestimmen und die Tabelle füllen

1

14 + 5 = ____
13 + 7 = ____
9 + 6 = ____
9 − 3 = ____
10 − 4 = ____

2

0 + 6 = ____
10 − 9 = ____
10 − 6 = ____
9 − 4 = ____
7 + 7 = ____

3

3 + 11 = ____
11 − 10 = ____
14 − 10 = ____
15 − 10 = ____
1 + 11 = ____

4

6 + 5 = ____
8 + 6 = ____
8 + 7 = ____
8 + 8 = ____
3 + 3 = ____

5

4 + 8 = ____
7 − 6 = ____
7 + 6 = ____
17 − 1 = ____
8 − 3 = ____

6

9 + 5 = ____
9 − 8 = ____
10 − 2 = ____
16 + 4 = ____

7

20 − 0 − 1 = ____
15 − 5 − 7 = ____
18 − 8 − 2 = ____
10 − 5 − 0 = ____
11 + 4 + 3 = ____
11 − 3 − 3 = ____

1

Das kann ich schon	Hier helfe ich mir
15 – 2 = 13	15 – 7 = 8
15 – 5 = 10	15 – 9 =

2 12 – ☐

3 17 + ☐

1 Aufgaben mit Zahlenkarten legen. Entscheiden, ob die Lösung im Kopf oder mit Hilfen gelingt. Aufgabe und Ergebnis aufschreiben. **2**, **3** Dieselben Zahlenkarten verwenden.

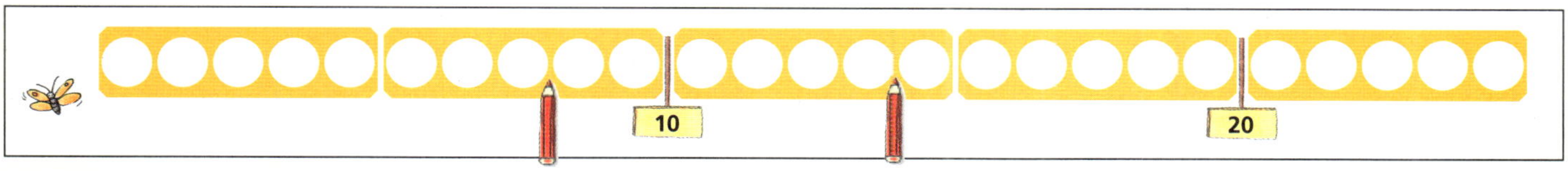

1

14 – 6 = ____

2 13 – 7 = ____

3 15 – 8 = ____

4 12 – 6 = ____

5 11 – 4 = ____

6 17 – 8 = ____

3 bis 6 Zweiten Stift zeichnen und am Rechenstrich die Rechnung aufschreiben.

Schrittweises Subtrahieren

1

17 – 9 = ____ (– ____ – ____; ____ 10 17)

16 – 8 = ____ (– ____ – ____; ____ 10 16)

2

11 – 5 = ____ (– ____ – ____; ____ 10 ____)

14 – 5 = ____ (– ____ – ____; ____ 10 ____)

3

12 – 4 = ____ (10)

18 – 9 = ____ (10)

4 12 – 8 12 – 5 12 – 4	**5** 14 – 4 14 – 9 14 – 5	**6** 16 – 7 16 – 9 16 – 4	**7** 13 – 8 15 – 8 11 – 8	**8** 15 – 6 12 – 6 13 – 6
9 11 – 9 17 – 9 18 – 9	**10** 13 – 6 14 – 7 14 – 7	**11** 15 – 9 14 – 8 16 – 8	**12** 11 – 4 14 – 6 13 – 4	**13** 12 – 9 13 – 9 14 – 6

14
15 – 6 – 5 = ____
15 – 8 – 5 = ____
15 – 3 – 5 = ____

15
13 – 6 – 3 = ____
13 – 8 – 3 = ____
13 – 2 – 3 = ____

16
14 – 7 – 4 = ____
14 – 3 – 4 = ____
14 – 9 – 4 = ____

17

22 – 4 = ____ (– ____ – ____; ____ 20 22)

23 – 5 = ____ (– ____ – ____; ____ 20 23)

26 – 8 = ____ (– ____ – ____; ____ 20 26)

1 bis 3 Am Rechenstrich Rechnung schreiben. 9 bis 13 Zahlenblick schärfen. Zahlen in geschickter Reihenfolge subtrahieren.

1

22 – 1 = ____
20 – 6 = ____
13 – 7 = ____
6 – 5 = ____
9 + 3 = ____
4 + 8 = ____

2

11 – 10 = ____
2 + 16 = ____
20 + 6 = ____
10 + 10 = ____

3

15 – 8 = ____
17 – 8 = ____
20 – 4 = ____
11 + 8 = ____

4

11 – 9 = ____
15 – 10 = ____
3 + 17 = ____
5 + 15 = ____

5

14 + 5 = ____
11 – 8 = ____
14 – 6 = ____
20 + 3 = ____
11 – 6 = ____
20 – 1 = ____
11 + 9 = ____
12 – 7 = ____
15 + 3 = ____

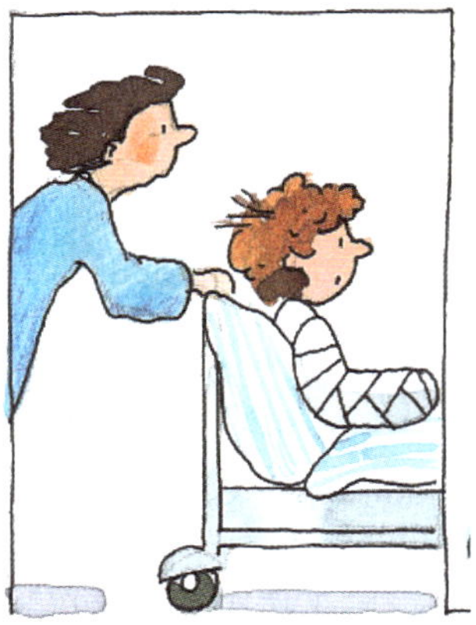

6

16 – 5 – 5 = ____
20 – 9 – 2 = ____
13 – 4 – 4 = ____
16 – 8 – 6 = ____
15 – 7 – 3 = ____
20 – 0 – 2 = ____

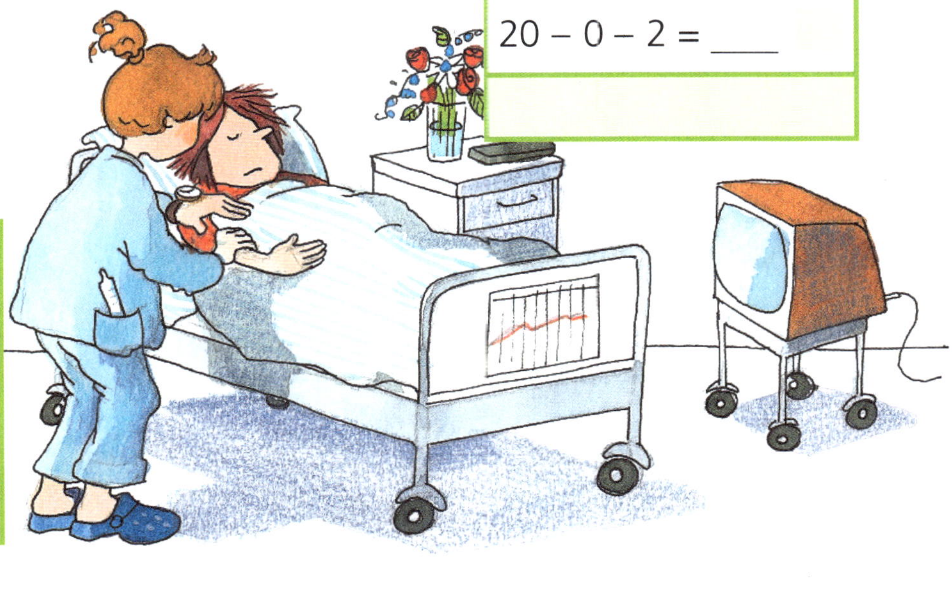

7

5 + 6 + 5 = ____
9 + 9 + 3 = ____
4 + 4 + 4 = ____
9 + 1 + 9 = ____

Rechenhilfen beim Subtrahieren

1

2 14 – 3 = ___ 16 – 3 = ___ 15 – 4 = ___ 17 – 2 = ___

4 – 3 = ___ 6 – 3 = ___ 5 – 4 = ___ 7 – 2 = ___

3 18 – 6 = ___ 18 – 5 = ___ 19 – 5 = ___ 17 – 7 = ___

8 – 6 = ___ ______ ______ ______

10 – 0										
11 – 0	11 – 1									
12 – 0	12 – 1	12 – 2								
13 – 0	13 – 1	13 – 2	13 – 3							
14 – 0	14 – 1	14 – 2	14 – 3	14 – 4						
15 – 0	15 – 1	15 – 2	15 – 3	15 – 4	15 – 5					
16 – 0	16 – 1	16 – 2	16 – 3	16 – 4	16 – 5	16 – 6				
17 – 0	17 – 1	17 – 2	17 – 3	17 – 4	17 – 5	17 – 6	17 – 7			
18 – 0	18 – 1	18 – 2	18 – 3	18 – 4	18 – 5	18 – 6	18 – 7	18 – 8		
19 – 0	19 – 1	19 – 2	19 – 3	19 – 4	19 – 5	19 – 6	19 – 7	19 – 8	19 – 9	
20 – 0	20 – 1	20 – 2	20 – 3	20 – 4	20 – 5	20 – 6	20 – 7	20 – 8	20 – 9	20 – 10

4

17 – 7 = ___

18 – 7 = ___

5

14 – 4 = ___

15 – 4 = ___

16 – 4 = ___

______

6 13 – 1 = ___ 13 – 2 = ___ 13 – 3 = ___ ______

7 20 – 1 = ___ 20 – 2 = ___ 20 – 3 = ___ ______

8 17 – 1 = ___ 17 – 2 = ___ ______ ______

1 bis 3 Zuerst die analoge einfache Aufgabe rechnen. 4 bis 10 Nachbaraufgaben: Fehlende Aufgaben aus dem Minus-Segel eintragen. Geseztmäßigkeiten entdecken und nutzen.

1
13 – 3 = ___ 13 – 4 = ___ 13 – 5 = ___ ________

2
11 – 1 = ___ 11 – 2 = ___ 11 – 3 = ___ ________

3
14 – 4 = ___ 14 – 5 = ___ 14 – 6 = ___ ________

10 – 0	10 – 1	10 – 2	10 – 3	10 – 4	10 – 5	10 – 6	10 – 7	10 – 8	10 – 9	10 – 10
	11 – 1	11 – 2	11 – 3	11 – 4	11 – 5	11 – 6	11 – 7	11 – 8	11 – 9	11 – 10
		12 – 2	12 – 3	12 – 4	12 – 5	12 – 6	12 – 7	12 – 8	12 – 9	12 – 10
			13 – 3	13 – 4	13 – 5	13 – 6	13 – 7	13 – 8	13 – 9	13 – 10
				14 – 4	14 – 5	14 – 6	14 – 7	14 – 8	14 – 9	14 – 10
					15 – 5	15 – 6	15 – 7	15 – 8	15 – 9	15 – 10
						16 – 6	16 – 7	16 – 8	16 – 9	16 – 10
							17 – 7	17 – 8	17 – 9	17 – 10
								18 – 8	18 – 9	18 – 10
									19 – 9	19 – 10
										20 – 10

4
10 – 4 =
11 – 4 = ___
12 – 4 = ___
13 – 4 ___
____
____

10 – 3 = ___
11 – 3 = ___
12 – 3 = ___
____

5
11 – 7 = ___
12 – 7 = ___
13 – 7 = ___
____

11 – 8 = ___
12 – 8 = ___
13 – 8 = ___
____

11 – 9 = ___
12 – 9 = ___
____
____

11 – 10 = ___
12 – 10 = ___
____
____

6
10 – 2 = ___ ________ ________
________ 11 – 3 = ___ 11 – 4 = ___
12 – 2 = ___ ________ 12 – 4 = ___

7
________ ________ ________
________ 12 – 8 = ___ ________
________ ________ ________

8
Mache eigene Rund-um-Aufgaben.

1 bis 5 Fehlende Aufgaben aus dem Minus-Segel eintragen und rechnen.
5 bis 8 Fehlende Aufgaben aus dem Minus-Segel rund um die Mitte eintragen und rechnen

Kreative Aufgaben: Rechentürme

1

5	3	4	2	3
2	4	3	10	11

2

10	7	13	14	9
7	5	10	12	4

3

6	8	10	11	10
5	1	4	2	8

4
14 – 4
14 – 5
14 – 6
14 – 7
14 – 8

5
16 – 5
16 – 6
16 – 7
16 – 8
16 – 9

6
20 – 3 – 3
20 – 4 – 4
20 – 5 – 5
20 – 6 – 6
20 – 7 – 7

7
17 – 2 – 3
17 – 3 – 4
17 – 4 – 5
17 – 5 – 6
17 – 6 – 7

Rechentürme-Regel: Zwei übereinander stehende Zahlen addieren, Ergebnis darüber notieren.
4 bis 7 Starke Aufgaben: Aufgabenfolgen

1

Turm 1	Turm 2	Turm 3	Turm 4
2	3	4	5
4	5	6	7

Von Turm zu Turm oben immer ________ mehr.

2

Turm 1	Turm 2	Turm 3	Turm 4	Turm 5
6	5	4	3	
4	5	6	7	

Von Turm zu Turm oben immer _______ weniger.

3

Turm 1	Turm 2	Turm 3	Turm 4	Turm 5
8	9	10	11	
6	5	4	3	

Von Turm zu Turm oben immer ________________.

4

Turm 1	Turm 2	Turm 3	Turm 4	Turm 5
	15	11	10	
8	5			9
4		2	0	

Oben immer ________________.

5 F

Oben immer 10.
Es gibt sechs Türme.

6 F

Oben immer 14.
Es gibt acht Türme.

1

8 – 2 = 6 F

 ____ Ü

10 – 2 = ____

15 – 3 = ____

10 – 5 = ____

20 – 2 = ____

F

2

10 – 9 = ____

23 – 2 = ____

14 – 7 = ____

12 – 7 = ____

20 – 7 = ____

3

6 + 5 = ____

8 + 7 = ____

8 + 8 = ____

3 + 3 = ____

4

1 + 5 = ____

2 + 10 = ____

 ____ Ü

1 + 6 = ____

0 + 5 = ____

1 + 11 = ____

5

11 – 9 = ____

13 – 8 = ____

15 – 6 = ____

19 – 5 = ____

11 – 6 = ____

6

8 + 8 = ____

19 + 2 = ____

7 + 7 = ____

5 + 6 = ____

10 + 10 = ____

0 + 5 = ____

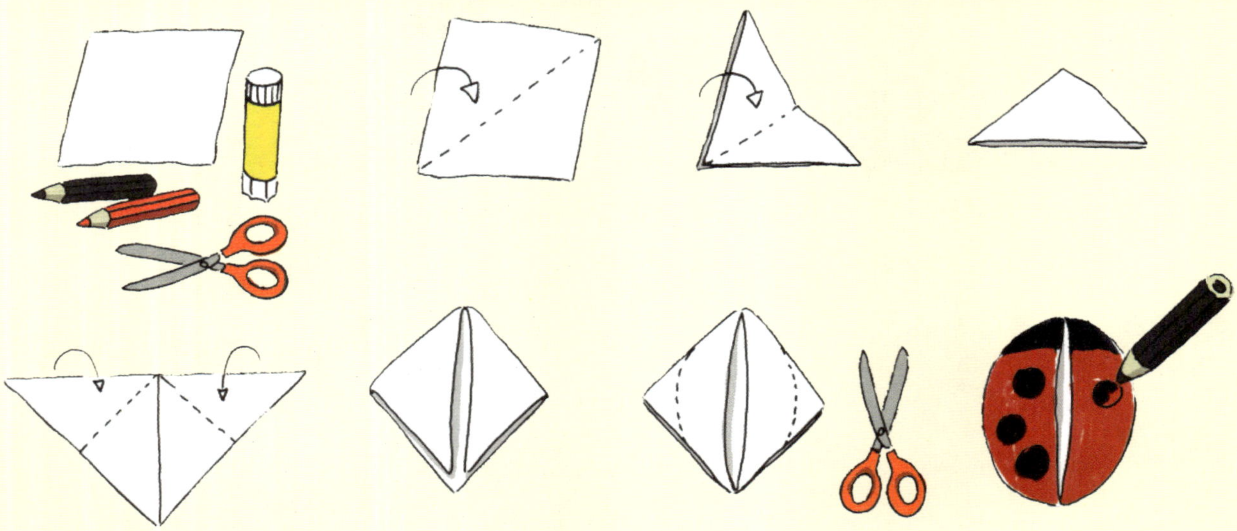

1 Dieser kleine Marienkäfer hat ____ Beine
Er hat ___Fühler.
Auf den Flügeln sind ____ schwarze Punkte.
Er heißt 7-Punkt.

2 Wie heißen die Marienkäfer?

___ -Punkt 

___ -Punkt 

___ -Punkt 

___ -Punkt 

3 Marienkäfer mit vielen Punkten.
Male die Punkte in die Marienkäfer.

22-Punkt

24-Punkt

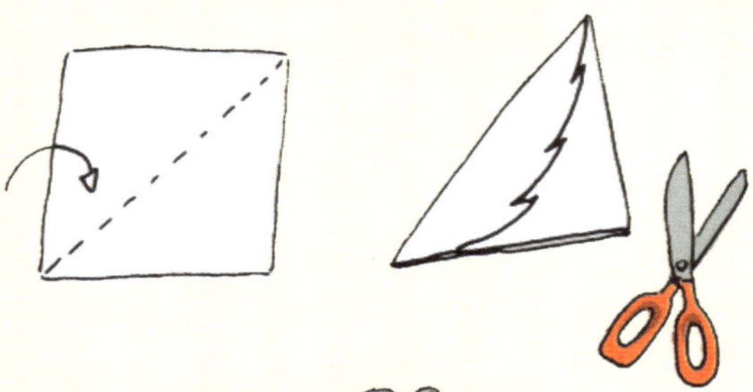

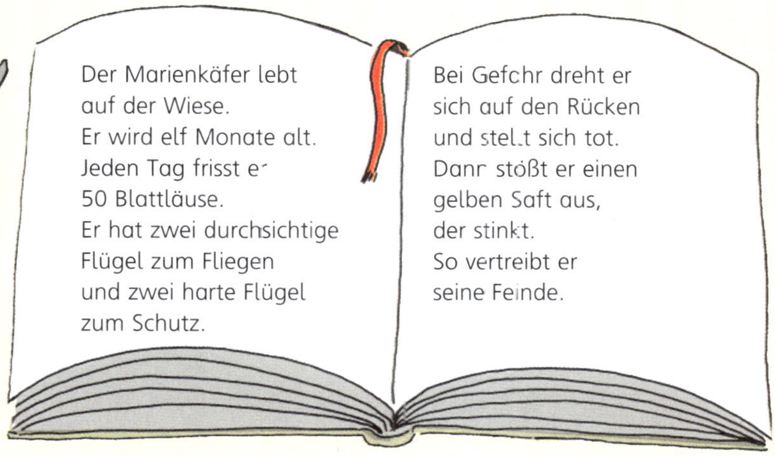

1

+	4	7	5	8
6				
8				

2
3 + 9 = ____
4 + 7 = ____
8 + 8 = ____
5 + 6 = ____

3
14 + 3 = ____
11 + 8 = ____
13 + 5 = ____
12 + 4 = ____

4

–	8	5	9	2
14				
12				

5

–	5	7	3	8
17				
15				

6
17 – 5 = ____
9 – 3 = ____
12 – 4 = ____
13 – 6 = ____
18 – 5 = ____

7
14 – 4 – 6 = ____
15 – 3 – 6 = ____
17 – 6 – 7 = ____
18 – 4 – 9 = ____
20 – 7 – 7 = ____

8
14 + 6 = ____
14 – 7 = ____
15 – 3 = ____
13 + 5 = ____
10 – 9 = ____

9
12 + 6 – 4 = ____
16 – 8 + 2 = ____
12 – 4 + 6 = ____
13 + 5 – 3 = ____
15 + 3 – 8 = ____

10

10	10	9	12	8
6	3	5	4	2

11

11	10	9	8	
9	7	5	3	

1 bis 9 Rechnen bis 20
10, 11 Rechentürme-Regel: Zwei übereinander stehende Zahlen addieren, Ergebnis darüber notieren

1

2

3

4

5

____ + 6 = 10

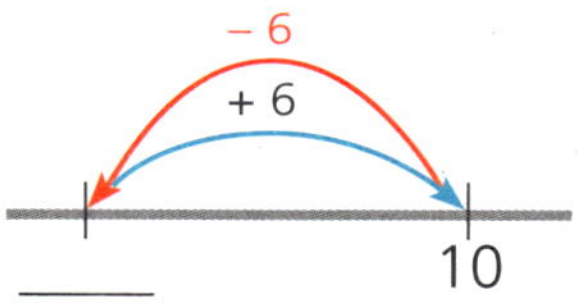

____ − 7 = 10

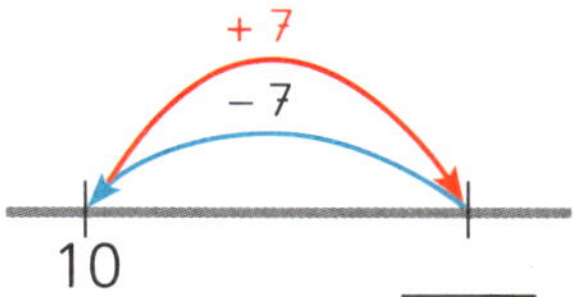

6
____ + 3 = 15
____ + 8 = 19
____ + 8 = 20

____ + 4 = 17
____ + 6 = 19
____ + 7 = 18

7
____ + 3 = 12
____ + 5 = 11
____ + 4 = 10

____ + 6 = 15
____ + 9 = 11
____ + 8 = 16

8
____ − 6 = 11
____ − 5 = 13
____ − 3 = 15

____ − 6 = 8
____ − 8 = 4
____ − 9 = 5

9
1 + 2 + 3 = ____
2 + 3 + 4 = ____
3 + 4 + 5 = ____

10
11 − 2 − 3 = ____
12 − 3 − 4 = ____
13 − 4 − 5 = ____

11
1 + 12 − 3 = ____
2 + 13 − 4 = ____
3 + 14 − 5 = ____

1 bis 4 Aufgabe und Tauschaufgabe, dazu die Umkehraufgaben 5 bis 8 Lösen mit der Umkehraufgabe
9 bis 11 Starke Aufgaben: Gesetzmäßigkeiten entdecken, Aufgabenfolge fortsetzen.

Rechnen mit Geld

1

10 €

____ €

Summe ____ €

2

____ €

____ €

Summe ____ €

3

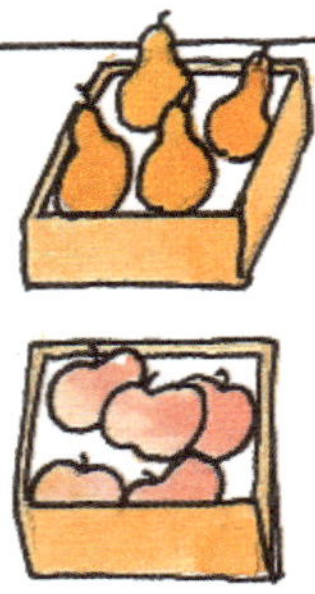

____ €

____ €

Summe ____ €

4

____ €

5

____ €

6

____ €

7

____ €

____ €

Summe ____ €

8

____ €

____ €

Summe ____ €

9

____ €

____ €

Summe ____ €

1 bis 3 Preis eintragen, Gesamtpreis berechnen. 4 bis 6 Preis berechnen. 7, 8 Preise und Gesamtpreis berechnen.
9 Eigene Aufgabe schreiben.

1

____ €

____ €

Summe ____ €

zurück 8 €

2

____ €

____ €

Summe ____ €

zurück ____ €

3

____ €

____ €

Summe ____ €

zurück ____ €

4

____ €

____ €

Summe ____ €

zurück ____ €

5

____ €

zurück ____ €

6

____ €

zurück ____ €

7

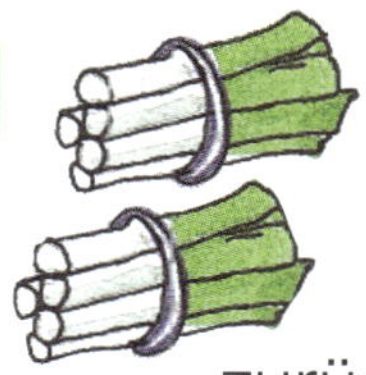

____ €

zurück ____ €

8

____ €

____ €

Summe ____ €

zurück ____ €

9

____ €

____ €

Summe ____ €

zurück ____ €

10

____ €

____ €

Summe ____ €

zurück ____ €

1 bis 4 Preis eintragen, Gesamtpreis und zurückgegebenen Betrag berechnen. 5 bis 7 Preis und zurückgegebenen Betrag berechnen. 8, 9 Preise und Gesamtpreis und zurückgegebenen Betrag berechnen. 10 Eigene Aufgabe schreiben.

Mit Geld addieren ...

1 Lena kauft

Wie viel Euro zahlt Lena?

8 € + 6 € = ____

____ € zahlt Lena.

2 Jonas kauft

Wie viel Euro zahlt ________?

____

____ € zahlt Jonas.

3 Anna kauft

Wie viel Euro ________________?

____

____ € zahlt Anna.

4 Sven kauft

Wie viel ________________

____

____

____ € ________________.

5 Hanna kauft

____

____

____

____ € ________________.

6 Ich kaufe

Wie viel Euro zahle ich?

____

____ € zahle ich.

2 bis 5 Frage, Lösung, Antwort ergänzen. 6 Eigene Aufgabe schreiben.

1

Jan hat 15 €.

Jan zahlt 7 €.

Wie viel Euro

hat Jan noch?

15 € - 7 € = ______________

____ € hat Jan noch.

2

Lisa hat ____ €.

Lisa zahlt ____ €.

Wie viel Euro

hat Lisa noch?

____

____ € hat Lisa noch.

3

Ben hat ________.

Ben zahlt ________.

Wie viel Euro

______________________?

____

____ € hat ______ noch.

4

Pia hat ________.

Pia zahlt ________.

Wie viel Euro

______________________?

____

____ € hat ______ noch.

5

Kai hat ________.

Kai zahlt ________.

Wie ________________

______________________?

____

______________ noch.

6

Ich habe ________.

Ich zahle ________.

Wie viel Euro

habe ich noch?

____

______ habe ich noch.

2 bis 5 Frage, Lösung Antwort ergänzen. 6 Eigene Aufgabe schreiben.

Cent

1

2

___ Cent

___ Cent

___ Cent

___ Cent

___ Cent

3

9 Cent

15 Cent

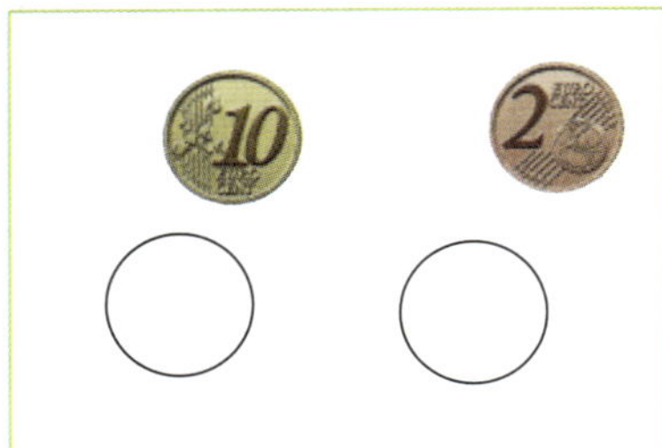
18 Cent

4

16 Cent

12 Cent

21 Cent

5

20 Cent

20 Cent

20 Cent

3, 4 Münzen malen. 5 Denselben Betrag mit verschiedenen Münzen legen.

	Lege	
2 + 2 + 1	5 Cent	2 + 1 + 1 + 1
	8 Cent	
	9 Cent	
	11 Cent	
	12 Cent	
	13 Cent	
	15 Cent	
	16 Cent	
	17 Cent	
	20 Cent	
	21 Cent	
	10 Cent	
	18 Cent	

Links Geldbetrag mit drei Münzen, rechts mit vier Münzen legen und aufschreiben. Es gibt nicht immer eine Lösung.

1 Vier Kinder spielen Fußball.
Es kommen noch ____ Kinder hinzu.
Wie viele Kinder spielen dann Fußball?

4 + ____ = ____

____ Kinder spielen dann Fußball.

2 Drei Kinder spielen Gummitwist.
____ Kinder sehen zu.
Wie viele Kinder sind beim Gummitwist?

3 + ____ = ____

____ Kinder sind beim Gummitwist.

3 Auf der Mauer sind ____ große Figuren und ____ kleine Figuren.
Wie viele Figuren sind auf der Mauer?

__________ = ____

____ Figuren sind auf der Mauer.

4 Am Weg stehen ____ große Bäume und ____ kleine Bäume.
Wie viele Bäume stehen am Weg?

__________ = ____

____ Bäume stehen am Weg.

1 bis 4 Text aus dem Bild ergänzen. Lösung und Antwort aufschreiben.

1 Vorher waren es sieben Kinder.
____ Kinder laufen weg.
Wie viele Kinder
sind dann noch da?
7 – ____ = ____
____ Kinder sind noch da.

2 Vorher waren es ____ Vögel.
____ Vögel fliegen weg.
Wie viele Vögel
sind dann noch da?
________ = ____
____ Vögel sind noch da.

3 Auf der Mauer waren ____ Dosen.
____ Dosen fallen herunter.
Wie viele Dosen sind noch oben?
__________ = ____
____ Dosen sind noch oben.

4 Vorher waren es ____ Ballons.
____ Ballons fliegen weg.
Wie viele Ballons sind noch da?
__________ = ____
____ Ballons sind noch da.

1 bis 4 Text aus dem Bild ergänzen. Lösung und Antwort aufschreiben. Eigene Rechengeschichten schreiben.

1 In der Turnhalle sind 13 Mädchen und 5 Jungen.

2 In der Turnhalle waren 13 Kinder. 5 Kinder sind nach Hause gegangen.

Wie viele Kinder sind es zusammen?

Wie viele Kinder sind es noch?

13 – 5 = ____

13 + 5 = ____

____ Kinder sind es noch.

____ Kinder sind es zusammen.

3 Lisa hat 12 rote und 4 blaue Murmeln.

4 Jan hat 12 Murmeln. Er verschenkt 4 Murmeln.

Wie viele Murmeln hat Lisa zusammen?

Wie viele Murmeln hat Jan noch?

12 – 4 = ____

12 + 4 = ____

____ Murmeln hat Lisa zusammen.

____ Murmeln hat Jan noch.

5 Tim hat 9 rote und 6 blaue Murmeln.

6 Lea hat 16 Murmeln. Sie verschenkt 3 Murmeln.

5) 🔴 *Wie viele Murmeln hat Tim zusammen?*

🟡 *9 + 6 =*

🟢

7 Anna hat 13 blaue und 6 gelbe Perlen.

8 David hat 15 Perlen. Er verschenkt 6 Perlen.

9 Katja hat 10 rote Perlen und 7 blaue Perlen. Sie verschenkt 5 rote Perlen.

1 bis 4 Frage (rot), Lösung (gelb) und Antwort (grün) der passenden Aufgabe zuordnen, Aufgabe lösen.
5 bis 8 Frage, Lösung und Antwort ins Heft schreiben. 9 Es gibt mehrere Fragen.

1 Lena macht eine Kette aus 20 Perlen, immer 2 Perlen braun, 2 blau.

Welche Farbe hat die 15. Perle?

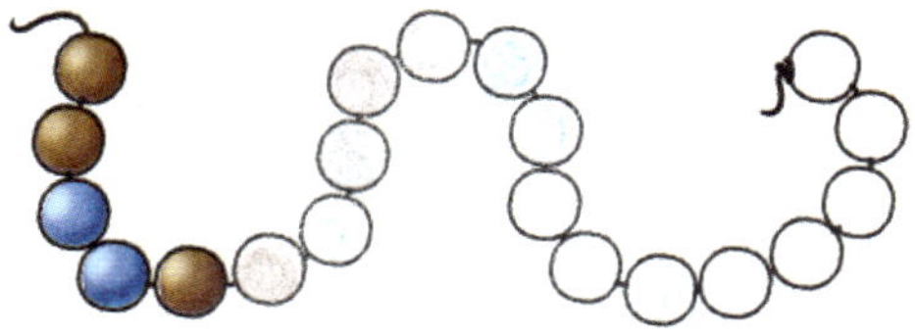

Die 15. Perle ist ________ .

2 Tom macht eine Kette aus 22 Perlen, immer 3 Perlen braun, 3 blau.

Welche Farbe hat die 18. Perle?

Die 18. Perle ist ________ .

3 Jan macht eine Kette aus 21 Perlen, immer 3 Perlen lila, 4 rosa.

Welche Farbe hat die 14. Perle?

4 Lisa macht eine Kette aus 24 Perlen, immer 3 Perlen lila, 2 grün, 3 rosa.

Welche Farbe hat die 14. Perle?

5 Kai hat 12 Hölzer. Er legt Vierecke.

Wie viele Vierecke legt Kai?

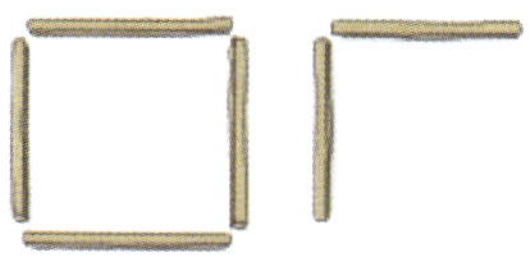

Kai legt ____ Vierecke.

6 Pia hat 21 Hölzer. Sie legt Dreiecke.

Wie viele Dreiecke legt Pia?

Pia legt ____ Dreiecke.

7 Ben hat 16 Hölzer. Er legt Vierecke.

Wie viele Vierecke legt Ben?

8 Eva hat 18 Hölzer. Sie legt Dreiecke.

Wie viele Dreiecke legt Eva?

9 Maria fühlt Vierecke. Zusammen sind es 16 Ecken.

Wie viele Vierecke sind es?

____ Vierecke sind es.

10 Sven fühlt Dreiecke. Zusammen sind es 24 Ecken.

Wie viele Dreiecke sind es?

____ Dreiecke sind es.

11 Katja fühlt Vierecke und Dreiecke. Zusammen sind es 11 Ecken.

1 bis 11 Lösung durch eine Skizze.

Nacht Morgen Vormittag

1

2

2 Uhr	4 Uhr	6 Uhr

3

9 Uhr	10 Uhr	12 Uhr

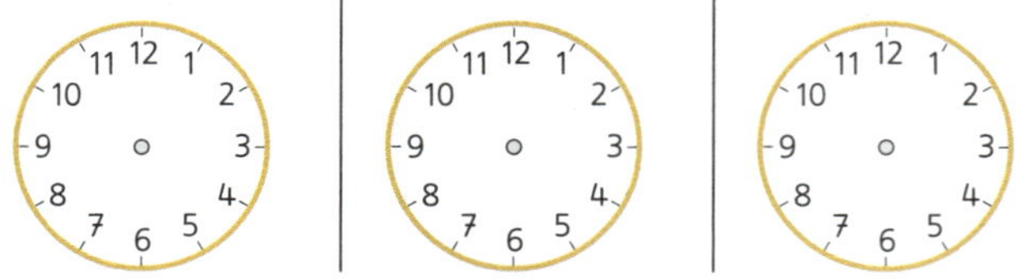

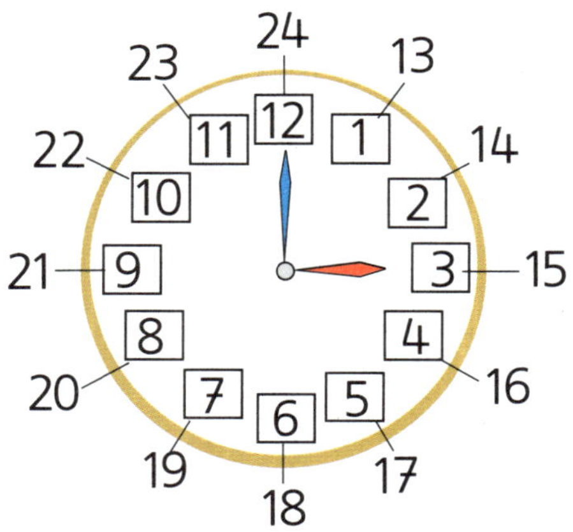

Ein Tag hat 24 Stunden.

1 Uhrzeit und Zeiger eintragen. 2, 3 Zeiger eintragen.

Nachmittag	Abend	Nacht

1

2

2 Uhr	7 Uhr	8 Uhr	10 Uhr	12 Uhr
	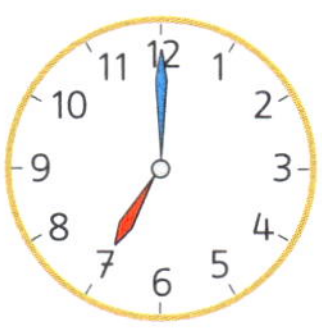	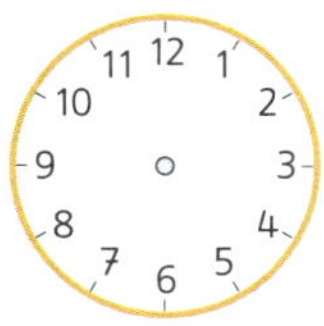		
14 Uhr	___ Uhr	___ Uhr	___ Uhr	___ Uhr

3

___ Uhr	___ Uhr	___ Uhr	___ Uhr	___ Uhr
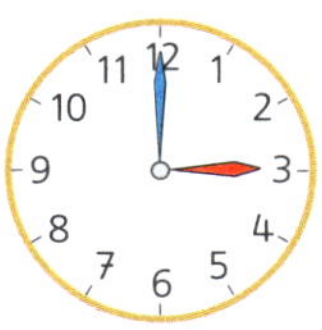	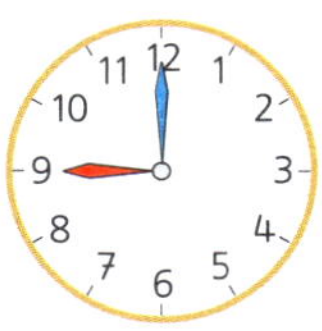	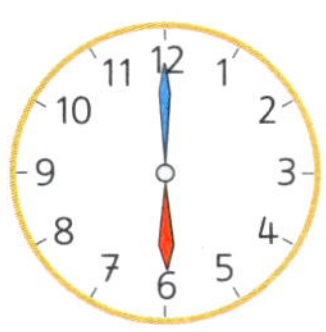	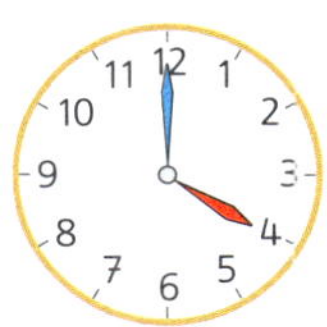	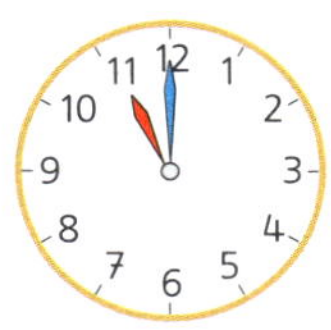
15 Uhr	___ Uhr	___ Uhr	___ Uhr	___ Uhr

1 Uhrzeit und Zeiger eintragen, selbst ein Bild malen. **2** Uhrzeiten und Zeiger eintragen. **3** Uhrzeiten eintragen.

1

Suche Montag, den 8. Juni im Kalender.
Male diesen Tag rot an.

2

vorgestern		___ Juni
gestern		___ Juni
heute	Mo	8. Juni
morgen		___ Juni
übermorgen		___ Juni

3 Welche Termine hat Zahlix?

Di 2. Juni — *Dienstag 2. Juni Geburtstag Oma*

Di 2. Juni — *Sonntag 7. Juni*

Fr 12. Juni | Mo 15. Juni | Sa 20. Juni | Di 23. Juni | Di 30. Juni

4 Zahline: Ich habe ___ Tage nach Oma Geburtstag.
Felix: Ich habe ___ Tage nach Zahline Geburtstag.
Lea: Ich habe ___ Tage vor Timo Geburtstag.

5 Wie lange dauert es?
Urlaub Zahlix: ___ Tage
Besuch Oma: ___ Tage
Schwimmen: ___ Stunden

6 F Wie lange dauert der Sommer?
___ Tage dauert der Sommer.

1

Zeichen							
Ziffer							

2

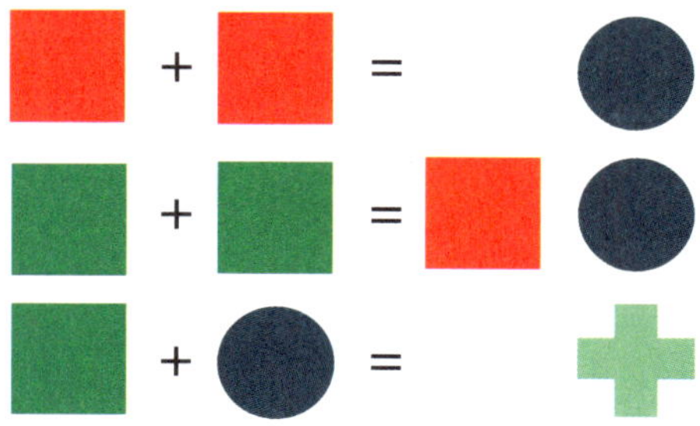

Zeichen							
Ziffer							

3

Zeichen								
Ziffer								

Rechennetzwerk bis 20

1

2

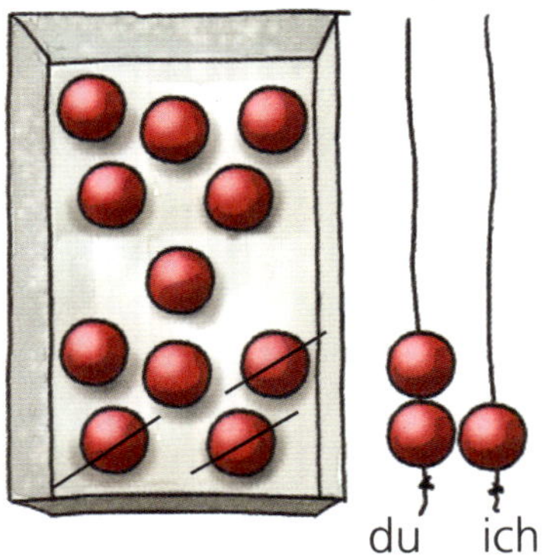

11 ist eine ________ Zahl

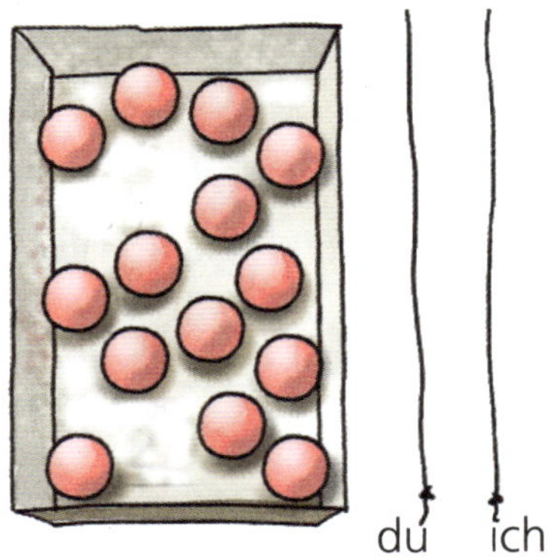

14 ist eine ________ Zahl

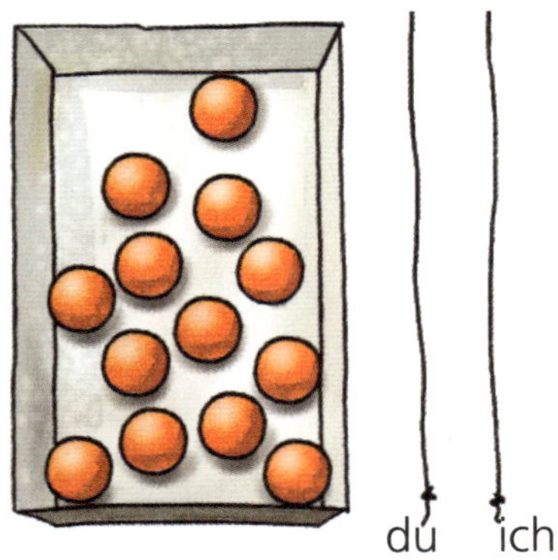

13 ist eine ________ Zahl

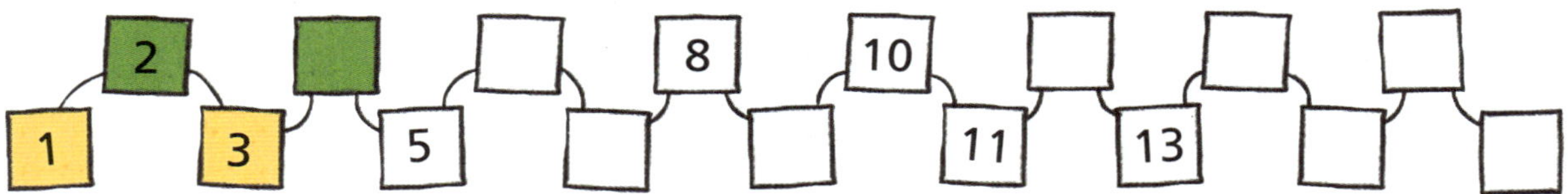

3 Bilde Plus-Aufgaben.
Das Ergebnis soll eine gerade Zahl sein.

2 + ☐ = ☐
4 + ☐ = ☐
6 + ☐ = ☐
8 + ☐ = ☐
10 + ☐ = ☐
12 + ☐ = ☐

1 + ☐ = ☐
3 + ☐ = ☐
5 + ☐ = ☐
7 + ☐ = ☐
9 + ☐ = ☐

4 F Das Ergebnis soll immer eine ungerade Zahl sein. Schreibe fünf Aufgaben auf.
Worauf musst du achten?

2 Ungerade Zahlen gelb, gerade Zahlen grün. 3, 4 Eigene Aufgaben schreiben. Gesetzmäßigkeit entdecken: Gerade Zahl plus gerade Zahl gleich gerade Zahl, ungerade plus unterade gleich gerade, …

1

2

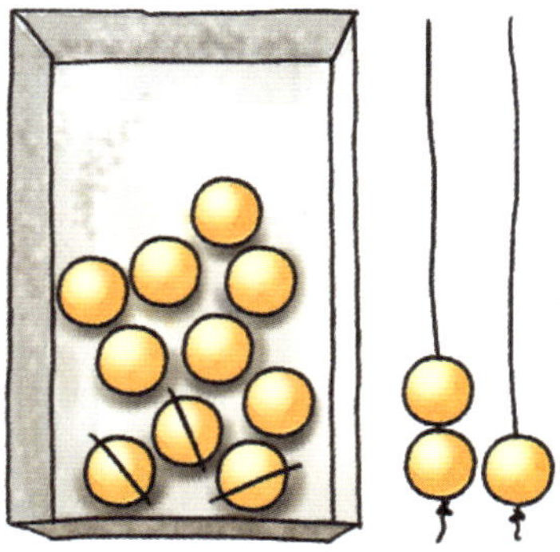

Die Hälfte von 10 ist ____.

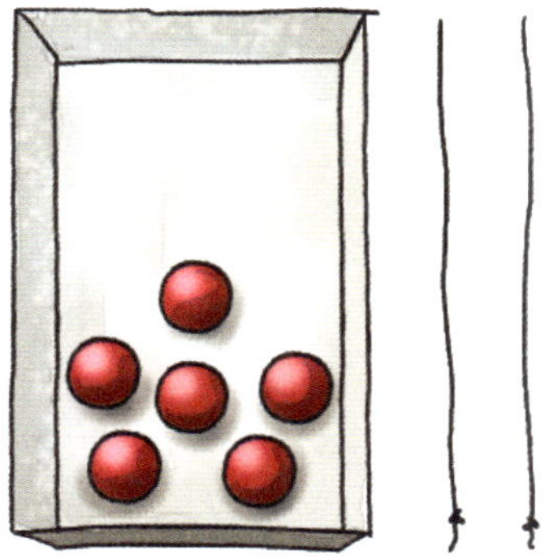

Die Hälfte von 6 ist ____.

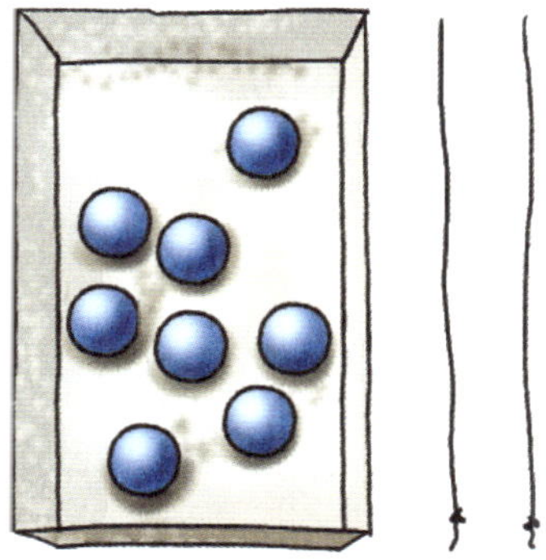

Die Hälfte von 8 ist ____.

3

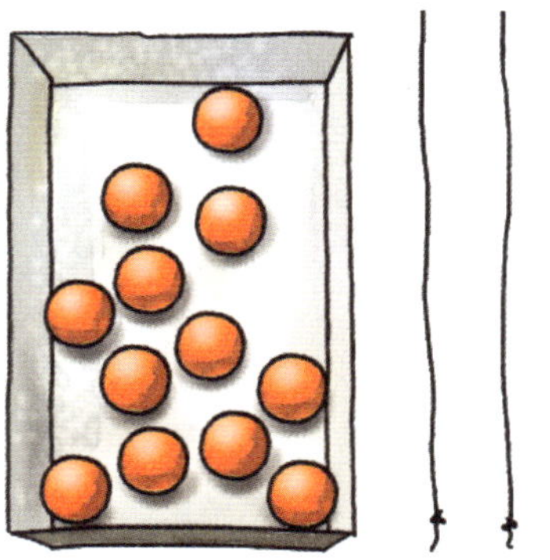

Die Hälfte von 12 ist ____.

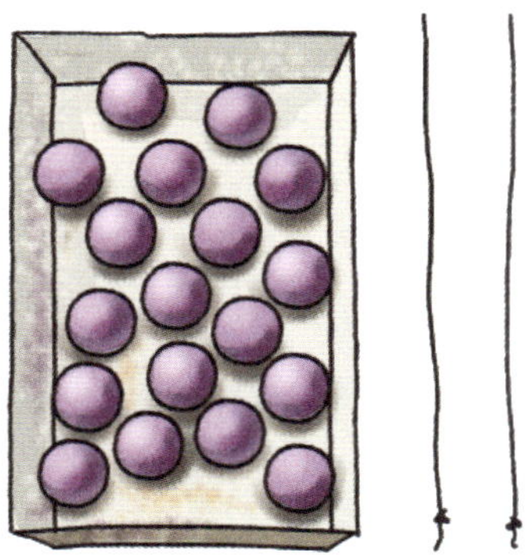

Die Hälfte von 18 ist ____.

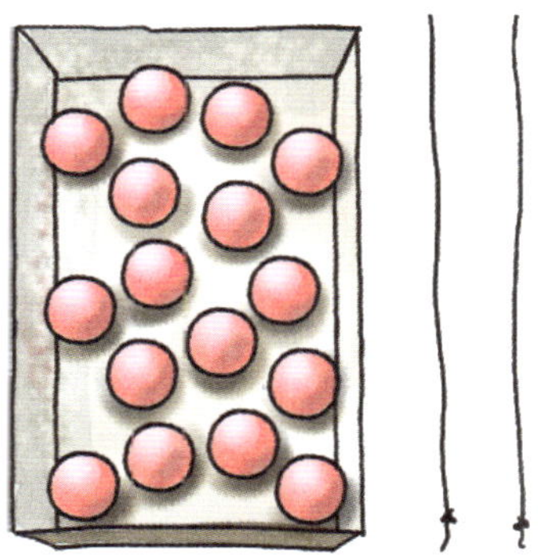

Die Hälfte von 16 ist ____.

4

Zahl	4	6	2	10	12	8	16	20	14	18
die Hälfte										

5

Betrag	4 Cent	8 Cent	20 Cent	4 €	6 €	14 €	22 €	1 €
die Hälfte								

6 Legt einen Betrag mit Geld.
Jeder von euch soll dann die Hälfte bekommen.

1

+	3	2	
1	4		
3			

+	3	2	
1	4	3	
3	6	5	

+	3	2	
1	4	3	7
3	6	5	

+	3	2	
1	4	3	7
3	6	5	11
	10	8	

2

+	1	2	
2			
2			

3

+	1	2	
1			
3			

4

+	3	4	
2			
0			

5

+	5	1	
1			
3			

6

+	3	0	
5			
2			

3 bis 8 Plusmobile zur Radzahl 18: Lösen durch Addieren, Ergänzen und Umkehraufgabe. Entdecken der Gesetzmäßigkeit: Die Radzahl ist doppelt so groß wie die Eingangszahlen zusammen. 10 Eigene Aufgaben schreiben: Plusmobile zur Radzahl 20.

1

17 + 4 = ____
11 + 3 = ____
16 – 7 = ____
15 – 9 = ____
15 + 0 = ____
12 + 6 = ____
20 – 7 = ____

2

13 – 5 = ____
12 – 7 = ____
18 – 6 = ____
14 – 8 = ____
11 – 6 = ____
20 – 2 = ____

3

12 – 6 = ____
10 – 9 = ____
17 – 9 = ____
15 + 3 = ____
24 + 2 = ____
13 – 8 = ____
19 + 2 = ____
11 – 4 = ____
5 – 0 = ____

4

15 + 2 + 3 = ____
11 – 5 – 5 = ____
14 + 3 + 3 = ____
5 + 5 + 5 = ____
6 + 6 + 6 = ____
12 + 4 + 4 = ____

5

12 + 7 = ____
10 + 6 = ____
15 + 6 = ____
19 – 1 = ____
14 – 9 = ____
6 + 8 = ____

6

20 + 3 + 3 = ____
15 – 3 – 7 = ____
18 + 2 + 1 = ____
14 – 0 – 7 = ____
15 – 9 – 1 = ____
20 – 3 – 3 = ____

1

Von Turm zu Turm oben immer ______________.

2

Von Turm zu Turm oben immer ______________.

3

10 – 7 = ____
11 – 7 = ____
12 – 7 = ____
____

10 – 8 = ____
11 – 8 = ____
12 – 8 = ____
____

4

10 – 9 = ____
11 – 9 = ____
12 – 9 = ____
____

10 – 10 = ____
11 – 10 = ____
12 – 10 = ____
____

5

17 – 7 = ____
18 – 7 = ____
19 – 7 = ____
____

17 – 8 = ____
18 – 8 = ____
19 – 8 = ____
____

6

15 – 9 = ____
16 – 9 = ____
17 – 9 = ____
____

14 – 10 = ____
15 – 10 = ____
16 – 10 = ____
____

7

14 – ____ = 10
14 – ____ = 11
14 – ____ = 12
____

18 – ____ = 10
18 – ____ = 11
18 – ____ = 12
____

8

20 – ____ = 15
20 – ____ = 14
20 – ____ = 13
____

17 – ____ = 15
17 – ____ = 14
17 – ____ = 13
____

9

15 – 7 – 5
12 – 8 – 2
18 – 9 – 7
16 – 5 – 6

10

12 – 6 – 4
15 – 7 – 3
13 – 5 – 5
19 – 2 – 8

11

8 + 7 – 8
9 + 6 – 9
9 + 6 – 6
6 + 6 – 6

12

13 – 5 + 2
15 – 9 + 4
12 – 7 + 5
11 – 8 + 7

1, 2 Rechentürme-Regel: Zwei übereinander stehende Zahlen addieren, Ergebnis darüber notieren.
3 bis 8 Starke Aufgaben: Aufgabenfolgen fortsetzen. 9 bis 12 Zahlenblick schärfen.

Weiter im Minus-Segel

1

12 – 10 = ____ 12 – 11 = ____
13 – 10 = ____ 13 – 11 = ____
14 – 10 = ____ 14 – 11 = ____
15 – 10 = ____ 15 – 11 = ____

2

16 – 10 = ____ 16 – 11 = ____
17 – 10 = ____ 17 – 11 = ____
18 – 10 = ____ 18 – 11 = ____
________ ________

3

20 – 12 = ____ 20 – 13 = ____ 20 – 14 = ____ ________

4

20 – 16 = ____ 20 – 17 = ____ ________ ________

10 – 10										
11 – 10	11 – 11									
12 – 10	12 – 11	12 – 12								
13 – 10	13 – 11	13 – 12	13 – 13							
14 – 10	14 – 11	14 – 12	14 – 13	14 – 14						
15 – 10	15 – 11	15 – 12	15 – 13	15 – 14	15 – 15					
16 – 10	16 – 11	16 – 12	16 – 13	16 – 14	16 – 15	16 – 16				
17 – 10	17 – 11	17 – 12	17 – 13	17 – 14	17 – 15	17 – 16	17 – 17			
18 – 10	18 – 11	18 – 12	18 – 13	18 – 14	18 – 15	18 – 16	18 – 17	18 – 18		
19 – 10	19 – 11	19 – 12	19 – 13	19 – 14	19 – 15	19 – 16	19 – 17	19 – 18	19 – 19	
20 – 10	20 – 11	20 – 12	20 – 13	20 – 14	20 – 15	20 – 16	20 – 17	20 – 18	20 – 19	20 – 20

5

15 – 12 = ____
16 – 12 = ____
17 – 12 = ____
____
____

6

14 – 12 = ____ 14 – 13 = ____ 14 – 14 = ____

7

16 – 14 = ____ 16 – 15 = ____ 16 – 16 = ____

8

________ 17 – 16 = ____ 17 – 17 = ____

9

17 – 16 = ____ 17 – 17 = ____
18 – 16 = ____ 18 – 17 = ____
19 – 16 = ____ 19 – 17 = ____
________ ________

10

17 – 12 = ____ ________
________ ________
19 – 12 = ____ 19 – 13 = ____
20 – 12 = ____ 20 – 13 = ____

1

2 18 15

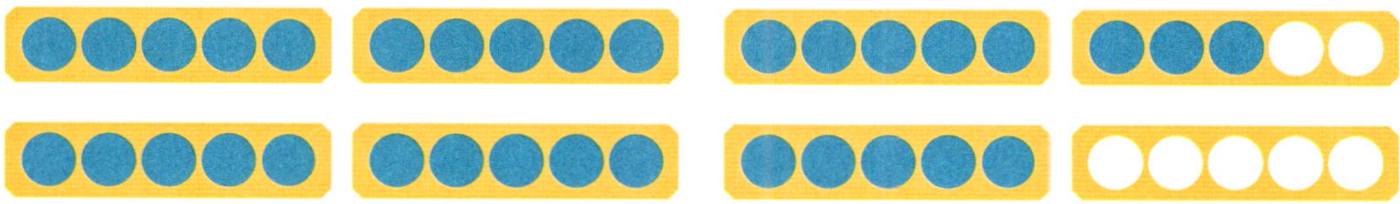

18 – 15 = ___

3

18 – 16 = ___	19 – 18 = ___	20 – 18 = ___	14 – 11 = ___
18 – 15 = ___	19 – 16 = ___	20 – 17 = ___	14 – 13 = ___
18 – 17 = ___	19 – 17 = ___	20 – 19 = ___	14 – 12 = ___

4 Abziehen oder ergänzen?

12 – 4 = ___	15 – 3 = ___	16 – 3 = ___	17 – 6 = ___
12 – 2 = ___	15 – 5 = ___	16 – 5 = ___	17 – 3 = ___
12 – 11 = ___	15 – 14 = ___	16 – 14 = ___	17 – 16 = ___
12 – 10 = ___	15 – 12 = ___	16 – 12 = ___	17 – 14 = ___

5	6	7	8	9
17 – 15	14 – 2	15 – 12	20 – 5	11 – 9
17 – 16	14 – 4	13 – 2	19 – 17	13 – 4
17 – 3	14 – 11	16 – 4	18 – 14	19 – 9
17 – 4	14 – 13	17 – 15	16 – 3	20 – 2

10

11

12

13

13 Eigene Aufgaben schreiben.

Rechnen mit Zahlenkarten

1

2

3

4

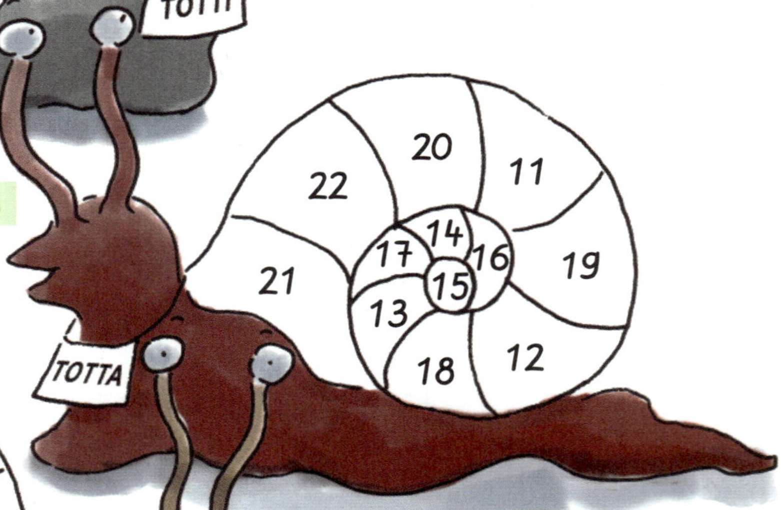

5

Partnerspiel mit Zahlenkarten von 0 bis 10.

1, 2 Abwechselnd zwei Zahlenkarten ziehen, addieren, das Ergebnis im Schneckenhaus ausmalen.

3, 4 Drei Zahlenkarten ziehen und addieren. 5 Zwei Zahlenkarten ziehen, nacheinander von 20 subtrahieren.

1

Zahlenkarten: 14, 6, 2, 5

__ + __ = 7
__ + __ = 8
__ + __ = 11
__ + __ = 16
__ + __ = 19
__ + __ = __

2

Zahlenkarten: 9, 3, 7, 6

__ + __ = __
__ + __ = 10
__ + __ = 12
__ + __ = 13
__ + __ = 15
__ + __ = __

3

Zahlenkarten: 2, 15, 4, __

__ + __ = 6
__ + __ = 7
__ + __ = 9
__ + __ = 17
__ + __ = 19
__ + __ = 20

4

Zahlenkarten: 3, 11, 6, __

__ + __ = __
__ + __ = 4
__ + __ = 5
__ + __ = 7
__ + __ = 8
__ + __ = __

5

Zahlenkarten: 3, 6, 7, __

__ + __ = __
__ + __ = 10
__ + __ = 13
__ + __ = 16
__ + __ = 19
__ + __ = 20

6

Zahlenkarten: 3, 6, __, __

__ + __ = 3
__ + __ = 6
__ + __ = 8
__ + __ = 9
__ + __ = 11
__ + __ = 14

7

Zahlenkarten: 4, 3, __, __

__ + __ = 7
__ + __ = 8
__ + __ = 9
__ + __ = 13
__ + __ = 14
__ + __ = 15

8

Zahlenkarten: 13, 5, __, __

__ + __ = 7
__ + __ = 8
__ + __ = 11
__ + __ = 15
__ + __ = 18
__ + __ = 19

9

Zahlenkarten: 5, 6, __, __

__ + __ = 11
__ + __ = 13
__ + __ = 14
__ + __ = 16
__ + __ = 17
__ + __ = 19

10

Partnerspiel
- Zahlenkarten von 0 bis 12
- Vier Zahlenkarten wählen
- Alle sechs Aufgaben rechnen
- Ergebnisse der Größe nach in einen Sechser-Pack eintragen
- Dem Partner drei der vier Zahlenkarten zeigen: Er soll die fehlende Zahlenkarte finden.

Aus vier verschiedenen Zahlenkarten sechs Aufgaben bilden: Aufgabe und Tauschaufgabe gelten als eine Aufgabe.

Zahlzerlegungen bis 10 auswendig wissen

0 + 5
1 + 4
2 + 3
3 + 2
4 + 1
5 + 0

Zerlegung der 10
Partnerzahlen

1 + 9	9 + 1
2 + 8	8 + 2
3 + 7	7 + 3
4 + 6	6 + 4

5 + 5

Zahlenreihe bis 20 vorwärts und rückwärts fortsetzen

Nachbarzahlen bestimmen

Vorgänger Zahl Nachfolger

Zu Sachsituationen Rechenaufgaben finden und umgekehrt

4 + 2 = ___

6 – 3 = ___

Gerade und ungerade Zahlen unterscheiden

gerade

ungerade

Dinge der Reihe nach ordnen und Stelle in der Reihe angeben

1. 2. 3. 4. 5. 6. 7. 8. 9. 10.

Plus- und Minusaufgaben bis 10 auswendig wissen

5–5
6–5 6–6
7–5 7–6 7–7
8–5 8–6 8–7 8–8
9–5 9–6 9–7 9–8 9–9
10–5 10–6 10–7 10–8 10–9 10–10

Zahlen bis 20 vergleichen

< ist kleiner als > ist größer als

5 < 7 6 > 3

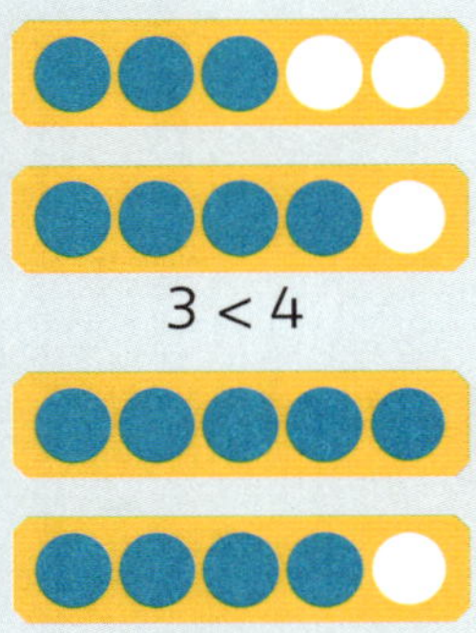

3 < 4

5 > 4

Lagebeziehungen

links	oben	rechts
	Mitte	
	unten	

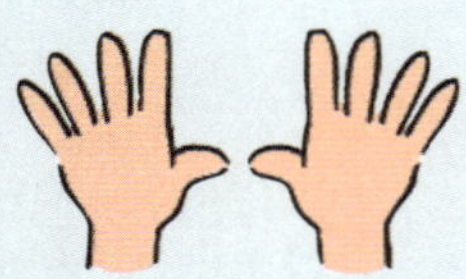

Diese Aufgaben sollen die Kinder auswendig wissen oder automatisiert lösen können.

Diese Aufgaben sollen die Kinder mit guten Strategien rechnen.

Verdoppeln und Halbieren

Verdoppeln ↑ ↓ Halbieren						
	2	3	4	5	6	7
	4	6	8	10	12	14

Verwandte Aufgaben angeben

Aufgabe und Tauschaufgabe
4 + 8 = 12   8 + 4 = 12

Aufgabe und Umkehraufgabe

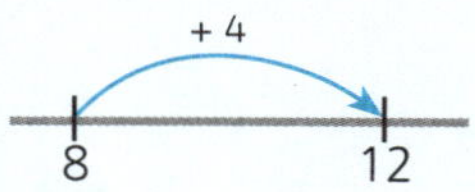

8 + 4 = 12

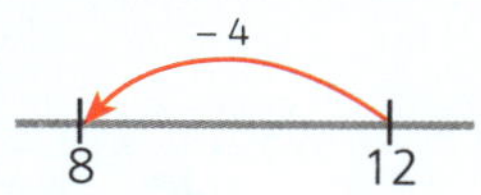

12 – 4 = 8

Nachbaraufgaben kennen

	6 + 7 = 13	
7 + 6 = 13	7 + 7 = 14	7 + 8 = 15
	8 + 7 = 15	

	17 – 8	
18 – 7	18 – 8	18 – 9
	19 – 8	

Rechenhilfe nutzen

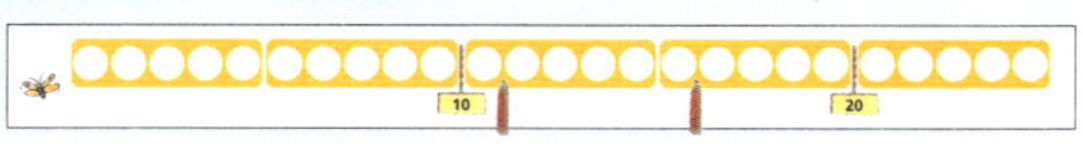

11 + 5 = ___   16 – 5 = ___
11 + ___ = 16   16 – ___ = 11

Helferaufgaben nutzen

Tauschaufgabe

3 + 12 = ___   12 + 3 = 15

Leichte Nachbaraufgabe

6 + 9 = ___   6 + 10 = 16 dann 1 weniger

11 – 7 = ___   10 – 7 = 3 dann 1 mehr

Leichte Aufgabe bis 10

15 + 3 = ___   5 + 3 = 8 dann 10 mehr

17 – 6 = ___   7 – 6 = 1 dann 10 mehr

Rechenstrich nutzen

In Schritten über 10

8 + 5 = ___

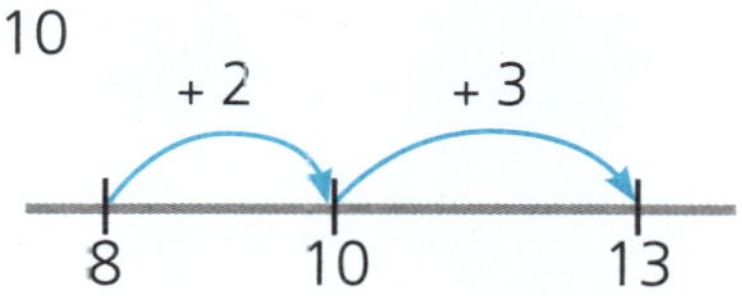

14 – 6 = ___

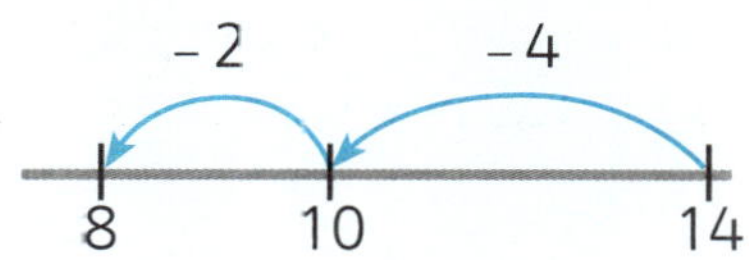

Umkehraufgabe

___ + 3 = 17

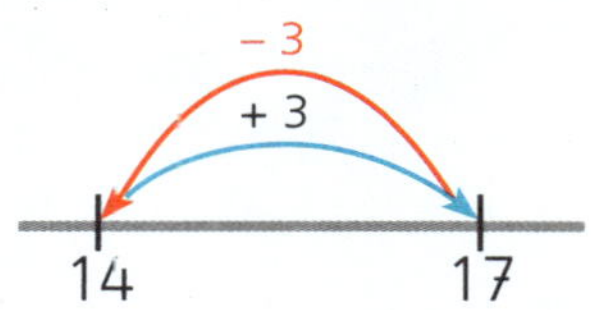

___ – 4 = 14

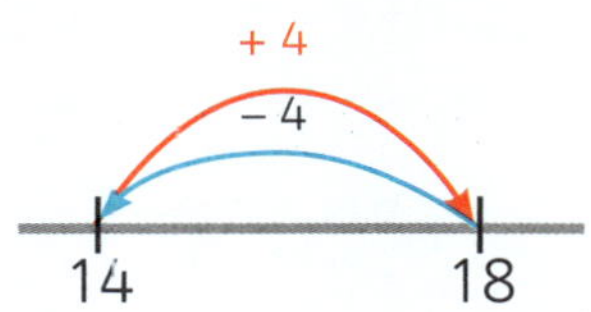

Zahlen ABC

Rechenschiffe